JN086567

海の中から地球が見える

～気候危機と平和の危機～

プロダイバー・環境活動家　**武本 匡弘**

もし目の前に見えていた山が、ある日突然、木が一本もない「はげ山」になってしまったとしたら、そのただならぬ光景に人々は騒ぎ出すのではないかと思います。

ところが、海底一面に見事に広がっていた美しいサンゴ礁がある日突然「がれき化」してしまったとしても、残念なことに海の中を見ている人は本当に限られており、だれも騒ぎだすことはありませんでした。

ただ、僕は実際にそのような海の変容をこの目で見てきたのです。

はじめに

今から40数年前の沖縄での「初めてのスクーバ体験」が、僕の人生に決定的な影響を与えました。

海底一面にびっしりと広がる色とりどりの造礁サンゴ。

そこに幾筋もの光の束がキラキラと降り注ぎ、そのまわりを優雅に乱舞する熱帯魚たち……陸には存在しないような鮮やかさとトロピカルカラーに彩られた海中世界は「感動」という２文字だけではとても表現できないほどの体験でした。

言葉が出ないほどの感情の高まりに、レギュレーター（呼吸器材）を銜えていなければその美しさに見とれて、大きく口を開けたままだったかもしれません。

この強烈な体験は僕の人生を大きく変えた瞬間であり、その後ダイビング専門会社を起業することにつながった原動力は、まさにあの運命的な出来事であったことに間違いありません。

その後、約40年プロダイバーとして国内外の様々な海で潜ってきました。

最初の20年間は、どこの海に潜っても生物多様性に富んだ素晴らしい海中を見ることができました。

しかし後半の20年間は、気候変動・地球温暖化などの影響を受け、海洋環境の変化が激烈で、おそらく有史以来最悪の状態だと言えるのではないだろうか……と感じています。

とくに、サンゴの白化が地球規模で起こった1998年前後からは、白くなったサンゴがどんどんがれき化して死に至るという姿を目の当たりにしてきました。

気候変動・気候危機・気候正義

ダイビング会社の経営者だった当時、いても立ってもいられない思いから環境ＮＰＯを立ち上げ、経営の仕事と環境保護活動の両立を目指していました。

しかし、悪化する一方の海洋環境に強い危機感が募り、そのうち「子どもたちの目の前から未来が消えていく」という思いに駆られ、とうとう経営者としての業務と環境活動の両立が難しくなってしまったのです。

そこで58歳のとき、32年間の経営者生活から引退を決意、国内外すべての支店と自社ビルなどを含む総資産を譲渡する決断をし、一人の環境活動家としてデビューすることにしました。

創業社長が早期に身を引き、一個人としての活動を始めるなどという前代未聞の出来事ではないかと思いましたが、それほど海で生きてきた者としての危機感が強く、「事態は急を要する」と感じたのです。

この本の前半の構成は、僕の目撃してきたことから連想される「気候変動・気候危機・気候正義」に関しての考察から始まります。

とくに「気候正義」というフレーズはいまだ日本人には知られていない現実がありますので、自分の経験と合わせてその意味を共有してくださればと思います。

そして、本書のもう一つのテーマは「平和の危機」です。

平和の危機

これは、一人の大学生から進路相談として送られてきたメールがきっかけになりその実感を強くしました。

あきらかに「気候危機」とともに「平和の危機」が現実味を帯びてきたことへの示唆、自分自身が戦場に行くなど想像すらしなかった時代から、子や孫たちが銃を取らざるをえない時代になりつつあることを意味します。

ロシア・ウクライナ危機に乗じた軍事費の倍増、憲法破壊など、日本国内でも現実味を帯びてきた「平和の危機」は、なんとしてでも阻止しなければなりません。

この強烈な壁に立ち向かうために、僕は「核廃絶平和運動と気候危機に立ち向かう行動は一緒だ！」というメッセージで、長い年月平和運動をしてこられた人たち（自分自身も含めて）と気候危機に立ち上がった若者たちとの連帯が必要だと訴えてきました。そして、この思いはますます強くなる一方です。

「核廃絶平和運動」は僕のライフワークでもあり、日本で長い歴史を持つこの運動を行っている人たちと「環境運動」に携わる人たちとの連帯が、今こそ重要であるということを、「戦争と環境破壊」という視点で共有できれば幸いです。

希望への道

気候危機に立ち向かい、それを打破するために私たちはなにをすべきでしょうか？

また、平和を脅かす大きな動きに対抗するにはどうしたらいいのでしょうか？

これまでの僕自身の起業家としての実践、事業を譲渡して新しく始めた環境活動家としての活動、ヨットでの旅、これらの報告とともに気候危機打開へ、地球環境と平和が調和する活動への道筋を探ってみたいと思います。

たしかに海に関して楽しい話などできなくなっている現状があります。いや、それ以上に危機的な状況を報告するので精一杯というのが現実です。

それでも「希望はある！」という僕の心からの叫びはけっして

「悪あがき」ではないと、この本を読んでくださるみなさんと一緒に確認できればと思います。
「どう行動を始めるべきか？」を僕なりに提案させていただきました。

水中写真はすべて自分で撮り続けてきたものです。記録写真とともに目撃者としての僕の話をどうぞ聞いてください。最後にはきっと希望が湧いてくると信じています！

なぜなら、まずは「知ることが希望」だからです。

※沖縄島（おきなわじま）の表記について、メディアなどでは沖縄本島と表記されていることが多く見られますが、多くの沖縄の人が使う言葉であり、国土地理院の表記でもある「おきなわじま」と表記しています。

※本書のカバーはFSC認証用紙を使用しています。

ダイビング専門会社とNPO団体運営の両立を目指していたころ
2005年伊豆

海の中から地球が見える　～気候危機と平和の危機～　もくじ

第❷部　平和の危機

第1部
気候危機

悲しいほどに
白く美しい

国連環境計画（UNEP）が 2021年２月に発表した予想値によると、地球規模でサンゴの白化が常態化するのが 2034年、そして日本周辺海域では、2024年に常態化するとのことでした。

これはグアム島で撮影した枝サンゴの写真です。

この状態はまだ死に至っておらず、回復することもあるのですが、人に蹴られてとどめを刺されました。

気候変動はヒト以外の生物にも影響を与え、絶滅にまで追い込んでいるという状況があります。

グアム島（2004年）

私は海底のサンゴ一面が、まるで雪のゲレンデの様に真っ白になった姿を 1998年に沖縄の海で初めて目にしました。

それは「悲しいほどに白く美しい」光景でもありました。
そして、その姿はやがて死に至りがれきのように朽ち果てる運命にあり、サンゴが死の直前に見せる純白の姿なのです。

❶
気候変動――サンゴの悲鳴

天国と地獄

それは1998年の夏、約4か月ぶりに訪れた沖縄島那覇沖の海でのことでした。

水中に入り潜降しながら眼下に広がる海底一面の真っ白なサンゴを見て、いったい何が起きたのか？　まったく理解することも想像することもできませんでした。

「これは何だ……！」

水温計を見ると30度を超えています。その異常に高い水温も真っ白なサンゴも初めての経験でした。

当時約20年のダイビングキャリアを持ち、各地の素晴らしい水中光景を見てきた僕でしたが、振り返れば、まさにこの時から今日までの20数年間は「胸を締め付けられること」が次から次へと起き続けました。

きっと、あれは「サンゴの悲鳴」だったのだと思います。

この出来事をきっかけに、海は激変していきました。

これは前年から現れたエルニーニョ及びそれに続くラニーニャ現象[*1]の影響により、世界各地で高水温域が出現したことによるものでした。

白化の加速化

この年、地球規模で起きた白化現象は、とどまることなく世界の海、そして沖縄の海へと広がっていきました。

環境省や水産庁などによる調査が始まり、全国規模でサンゴの現地調査などが「日本サンゴ礁モニタリングネットワーク」などの研究者チームによって行われるようになり、国内の白化によるサンゴの被害状況が把握されはじめたのです。

おそらく、このころからモニタリング調査に関わってきた人たちは、年を追うごとに「サンゴ礁の海からサンゴの姿が消えていく」のを見続けてきたのですから、相当な危機感を持っていたはずです。

しかし、海の中を見たことなどない多くの人たちにとっては、このような危機感は、別世界の出来事であったでしょうし、その関心の度合いには、計りようもないほどの温度差があったのではないかと思います。

もちろん、メディアなどでは「サンゴの白化が起きている」という程度の報道はされていましたが、世間一般には「地球の気候異変の前兆である」というような危機感はまったくなかったのではないかと思います。

僕自身は、20代後半にダイビング専門会社を起業して約15年、がむしゃらに経営に専念していたころでもありましたが、さすがにこの海の異変に、ただならぬ気配を感じ「何かしなければ……」といても立ってもいられない想いでした。

＊１　エルニーニョ現象：ペルー沖の海水温が平均値より0.5度以上高い期間が、６か月以上続く現象。ラニーニャ現象：同じくペルー沖で平均より0.5度以上低い期間が、６か月以上続く現象。

環境 NPO の設立

1998年に議員立法により NPO 法が成立したので、僕は海で起きていることへのアクションの一つとして海の環境 NPO を立ち上げ活動を始めました。

沖縄で白くなったサンゴを目撃した直後のことでしたので、「サンゴの悲鳴」が背中を押してくれたのだと思います。

写真は沖縄島那覇沖、白化後もまだ４割程度のサンゴは残っていたように思います。しかしその後は、明らかに死に絶えていくサンゴの姿が目立つようになってきました。

バブル経済が崩壊しはじめたころ、大変気になっていることがありました。

2001年

2010年

それは人々の「海離れ」が進んでいるという現象です。

それは海だけでなく自然に対してのリアルな興味を持つ人が減少し、バーチャルな世界に夢中になる子どもたち、いや大人までもが仮想世界に心を奪われる……という世相です。

「よし、こうなったら負けてたまるか！」

「海って面白い、海ってすごい！」というアピールを徹底的に行う NPO 活動の開始です。

深刻な状況を訴える前に「海の楽しさを広めよう！」というミッションを持った活動、その名も「NPO パパラギ　海と自然の教室」

僕がいいだしっぺですから、もちろん自ら率先して現場に立ち、スタッフの育成やボランティアの募集をし、あらゆる海のプログラムを作りながら実践に挑みました。ダイビング、スノーケリング、海岸観察会、学校での環境総合学習などなど……様々なシーンで海の楽しさをアピールし、自然回帰とばかりに子どもから高齢者まで世代を超えてのアプローチを行いました。

しかし、使命感に燃えて、精力的に活動に取り組みながらも、常に頭の中からあの白化して朽ち果てていくサンゴの姿が離れることはありませんでした。

現実はやはり厳しく、国内では1998年以降、2007年と2010年にも高水温による白化現象が起き、2016年には再度大規模な白化現象が起こって、壊滅的な被害を負ってしまった海域もありました。

世界規模では、アメリカ海洋大気庁（NOAA）の観測によると、約 150年前の観測開始から2010年までの間で、2010年が最も暖かい年に当たり、2001年から2010年までの10年間が最も暑かった10年とされています[*2]。

そして、2010年は地球規模での２回目の大規模白化現象が起きました。

どこかにまだ見事なサンゴ礁群が残っていないのだろうか？

そんな思いで私はこれまでダイビングで訪れたことのなかった海域へも、健全なサンゴ礁を求めて出かけるようになりました。

＊２　『サンゴの白化』成山堂書店より

中部太平洋の海

「太平洋のへそ」といわれる中部太平洋マーシャル諸島は、サンゴの環礁や島々が点在するその姿から「太平洋の真珠の首飾り」とも呼ばれる美しい南の島国です。

初めてここを訪れた2012年当時、世界中の多くの海域でサンゴの白化が広がっている現状のなか、なんとここには見事なサンゴ礁が残っているではありませんか！

狂喜乱舞してのダイビング、「地球の海はまだまだ大丈夫だ！」という想いを熱くして潜っていたのはいうまでもありません。

しかしそれから４年後、この海域にも白化の毒牙が襲ってきたのです。

そして同じころ、世界最大のサンゴ礁が広がるオーストラリアの

2012年

2016年

グレートバリアリーフを訪れた際、このサンゴの聖地といわれる海でも、すでにがれき化したサンゴの"焼け跡"のような姿に対面することになったのです。

世界最大のサンゴ礁であるオーストラリアの
グレートバリアリーフにも白化の影響が

待ったなしの海――石西礁湖（せきせいしょうこ）

沖縄八重山群島石垣島と西表島の間に広がる「日本最大のサンゴ礁」石西礁湖[*2]は、南北約30km、東西約40kmもの広大なサンゴ礁の海です。

なにしろここは、360種を超すサンゴが生息する豊かな海域で、世界にも誇れる「生物多様性の宝庫」であり、日本のサンゴのふるさとでもあります。

中部太平洋の海やグレートバリアリーフのサンゴ礁が、海水温の上昇などの原因で白化し朽ち果てはじめている姿を見た後、自分にとって第２の故郷でもある沖縄で、あらためて現実に向き合う必要があると感じた僕は、できるだけ頻繁に訪れるように……と心がけていました。

ところが、現実は厳しいものです。

ようやく 2021年２月、７年ぶりに石垣島に向かいました。

この 10年間の変化がとくにひどいとは聞いてはいましたが「きっとまだどこかに元気なサンゴが残っているはずだ！」と淡い期待を抱いて海に潜ったのです。

しかし、この淡い期待は無残にも打ち砕かれました。

これは大変だと思った僕は、それから２か月後の４月に再び３日間の潜水調査を行いました。

このとき船を提供し、自ら舵を握ってくれたのは、竹富島で生まれ育った船長、プロダイバーとしてもレジェンドのような方です。石西礁湖の海を海底まで知りつくしている船長の案内で、ダイビングポイントになっていないところも含めて数か所で潜って撮影したのですが、現状の深刻さをまざまざと思い知らされることになりました。

また、この滞在中、環境省自然保護官事務所の女性保護官から、環境省が行っているサンゴの被度調査の結果についても、最新の話を聞きました。調査によると 2020年の石西礁湖のサンゴの被度はなんと 11.5%という調査結果[*3]。

船長は舵を握りながらこう話してくれました。

「昔は"魚湧く海"といいました。

それほどサンゴも魚もいっぱいだった。ところが今はイラブチャー（ブダイ）でさえいなくなり、島特産のブダイのかまぼこも今では他県の魚や北海道からのタラを混ぜてつくっている」と。

石西礁湖のサンゴ礁（2008年撮影）

2021年４月撮影　ここのサンゴの被度は１割にも満たない状況でした……

このような水中世界での変化を目の当たりに見続けてきた僕は、危機感が募る一方でした。自分にとって第2の故郷でもある沖縄の海からどんどんサンゴが消えてしまうという現実。

「海はもう待ったなしの状況なのです」という自然保護官の言葉が忘れられません。

＊2　石西礁湖：石垣島の「石」と西表島の「西」を取って「せきせいしょうこ」

＊3　サンゴ被度：調査地の海底に占める生きたサンゴ面積の割合。平均サンゴ被度は、各調査地点の平均値となります。

八重山毎日新聞
Yaeyama Mainichi
2022年（令和4年）10月25日（火曜日）

石西礁湖サンゴ 白化92・8％

専門家、回復力の低下懸念

環境省は24日、石垣島と西表島の間に広がる日本最大のサンゴ礁海域「石西礁湖」で調査した結果、平均で92・8％の「サンゴ白化現象が起きている」と発表した。これまで最大規模の白化が起きた2016年の97％に次ぐ白化率。専門家は「今後、サンゴの回復力が低下する可能性もあり、石西礁湖内でサンゴが育つ場所に格差が生じる恐れもある」と懸念を示す。（8面に関連）

調査は、今年9月24～29日にかけて31カ所を対象に、調査地点ごとに約50㍍四方の調査地点を設定、スポットチェック法で実施。

各地点を平均した値は、全体が完全に白化しているサンゴ32・3％（21年調査比29・3ポイント増）、白化後に藻などが付着し死滅した状態が17・7％（15・7ポイント増）、一部で白化・死滅・全体的に色が薄い群体は42・7％（同32・7ポイント減）、白化していない健全な群体は7・2％（12・3ポイント減）。同省は、ことし9月まで台風の接近がなく、石西礁湖海域の海面水温が「下がりにくかった」と説明し、「白化や死んでしまった個体が顕著に増えた」と一因を挙げた。

石西礁湖内で生息するサンゴ群体が占める割合「被度」は16年の大規模白化以降、緩やかに回復していたが、21年調査時からわずかに低下している。同省は、同年調査時より「死滅群体が増加したため」と考えている。被度は21年26・2％、22年21・6％。

サンゴ礁生物の生理生態学が専門の琉球大学・中村

サンゴ礁の白化が進む竹富町小浜島南の海域＝9月（環境省提供）

識者談話

琉球大学

中村崇准教授

生態系へ影響も心配

今回の石西礁湖の白化や死滅は、2016年にやられたサンゴ礁が回復する過程で起きた。

サンゴ白化率の調査結果

（上図：各調査地点における白化率、下図：平均白化率）

この本を書いているころ、さらに追い打ちをかけるニュースが飛び込んできました（2022年 10月 25日付八重山毎日新聞）

海洋学発祥の地

わがフィールドである相模湾・江の島の海。

江の島は「日本の海洋学発祥の地」でもあるのです。

1877年東京大学（当時は帝国大学）の「お雇い教授」として米国から招聘されたエドワード・S・モース博士*は、来日後すぐに江の島を訪れ、漁師の網小屋を改造して「臨海研究所」を作りました。それが日本で最初の臨海研究所でした。

これはフランスのボルドー（1863年）イタリアのナポリ（1874年）に次いで世界で３番目の研究所だといわれています。

江の島（2014年５月）

実はそのころ（明治初期）の江の島は、生物が大変豊富であると、諸外国にまで知られていたという話さえあるのです。

海の仕事を生涯の仕事にすることを決意した僕は、29歳の時に、この江ノ島のある藤沢市で起業、とても幸運だと思っています。

＊　エドワード・S・モース博士：米国の動物学者で大森貝塚を発見し、日本の人類学、考古学の基礎をつくりました。日本に初めてダーウィンの進化論を体系的に紹介したことでも知られています。

❷ 気候危機——海は熱くなっている

ワカメが、コンブが、ヒジキがなくなっていく…

写真は僕の生まれ育った北海道積丹半島。

子どものころは昆布で水底が見えないほどでした。

ところが、2005年に訪れた際、信じられない光景を目にしました。

昆布が１本もない！ 白い珪藻類に覆われた岩が無機質に白い。この時、僕は直感的に「これは日本中に広がるかもしれない……」と感じたのです。この状態を「磯焼け」といいます。

2005年９月

案の定、それから10年も経たないうちに相模湾でも磯焼けの被害が報告されはじめ、「ワカメがだめだ、ヒジキが消えた」という漁業者の悲痛な声を聞くようになりました。

「いったいどうしたというのだろう？」。気候変動の影響であることは間違いなさそう……とはいっても断言することは難しい……。

しかし、ひとついえることはやはり明らかに相模湾も水温が高くなり、「海が温かくなっている」のです。

とくに冬の海水温が明らかに高くなりました。
10数年前までは冬の２～３月には12度前後まで下がっていたのですが、今ではそこまで下がることはめったにありません。

そして、微妙に「風が変わった」のではないかと思います。

とくに冬に西風が吹く頻度が少なくなったのです。

強い冬の西風は地元では「大西（おおにし）」といわれ、冬ならではのオンショア（沖から陸に向かって吹く風）で海がまっ白になるほどでした。

漁師は「12月の西風で " 磯が洗われて " ワカメが育つ」という言い方をします。後に太平洋の島々でも聞くことになる「風が変わった」という状況は、日本でも起こっているのではないか？　と感じます。

サンゴの白化が、海の異変の常態化をものがたり、そして日本の

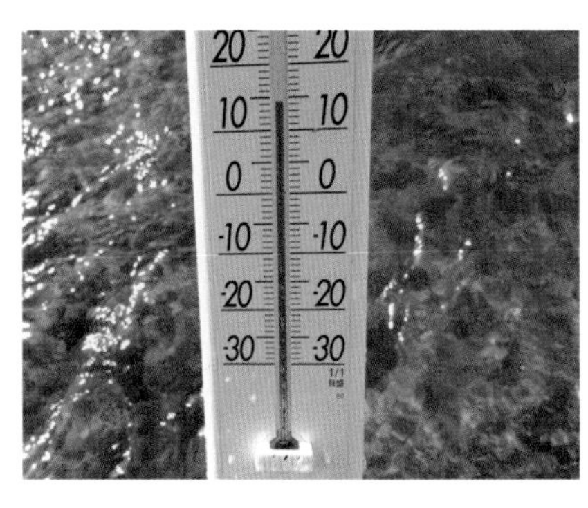

相模湾の水温は冬（１～３月）には10～12度に下がりますが、ここ10年ほどは15度近いことが多いです（2021年１月）

江の島でのダイビング、海藻の森を抜け沖に出る（2010年３月　水温 12度）

同じ場所で（2020年３月　水温 16度）

海からは海藻が消えていく？　そんな海の姿は見たくない……。

しかし極地の氷がどんどん溶け出し、永久凍土の溶解も歯止めがききません。2020年２月には南極で気温が21度まで上がり、６月にシベリアでは38度記録、そして22年７月イギリスでは40度を超えるという暑さ……。

このままでは地球は臨界に達してしまうといわれています。これはSF映画でも小説でもなく紛れもない事実であり、世界中の科学者たちの予測でもあります。

このような状況でも、いまだ懐疑論や否定する人はけっして少なくはありません。

たしかに僕が見てきた海中の変化は、海の中を見たことのない人たちにとっては危機感が伝わりにくいという側面もあります。

しかし、陸からも観察できる海岸の明らかな変化は、私たちにそのことを示してくれているのではないかと思うのです。

葉山のひじき
2012年３月

2020年３月

テトラポットの反乱 !?

葉山の自宅のすぐ目の前の海、防波堤の上にテトラポットがきれいに並んでいる　テトラの展示販売会？　いや、これは年々巨大化する台風の爪痕で外海側から打ち上げられた姿、10数トンもあるものを、いとも簡単に上げてしまう

「やってらんね〜よ！　もう家に帰る！」と
防波堤の上から歩き出したテトラポット !?

子どもたちの目の前から未来が消えていく

「気候変動の影響が危機的になっている」という現実は、海で生きてきた自分にとって、あらゆる側面で体感できるようになっていきました。

国内でも巨大台風や集中豪雨などによる被害が年々増すばかりですが、実際に被害を受けた人でなければ、その実感が持ちにくいという側面もあるのではないかと思います。

そして、僕にとっての一番の危機感は、自分が40年前に見たあの美しいサンゴ礁の海を、もうだれにも見せることができない……という現実です。

NPO 活動を通して、子どもたちを海に連れていくことをしながら、この現実は明らかに自分にも責任があると考えはじめました。

「子どもたちの目の前から未来が消えていく」というのは紛れもない事実であり、なにもしなければ、彼らにつけを払わせることにもなるのです。

そんなことを考えはじめると、段々と経営者としての仕事と環境活動との両立が難しくなりはじめ、「え～い！　こうなったら環境一本でいくしかない！」と決心。

起業した創業者が「お先に失礼！」とばかりに、自分で立ちあげた会社を先に辞めてしまうという暴挙？（一応引退という言葉でごまかしました……）に出て、58歳という世間ではまだ働き盛りであるなか、「勇退」というカッコつけた言葉で、32年間の「経営者生活」を「卒業」しました。

福島の家族を招いての江の島海岸生物観察会

太平洋航海プロジェクト

経営者生活からすっかり足を洗い、会社の社長から、ただの「水を得たおっさん」になり、毎日がよりいっそう海に遣った生活になりました。

そこで、まず初めに考えたのは、以前から気になっていたことを行動に移すことでした。

それは「いったい太平洋の真ん中あたりの海はどうなっているんだろう？」ということ。

そのためには、海の上で寝たり食べたりという生活をし、24時間海上にいられるのが一番です。

そこで、海の変化と気候変動の影響をヨットによる航海で体感しようという計画「太平洋航海プロジェクト」を始めました。

北緯 10度付近 ヨットは風を受け常に傾いて走る

七福神の宝船⁉

2015年 11月に始まった僕の「太平洋航海プロジェクト」。

そこで、全国公募でヨット経験者を対象にクルーを募り、準備を始めました。

「暇と金とヨット経験がある」といえば、引退したおっさんばかり……と決まっています。結局、「一匹の水を得たおっさん」が「おっさんだらけの船」になり、まるで " 七福神の宝船 " のようです。

しかし、この航海が宝船の様に福をもたらすことはなく、悲惨な結果に繋がるとは当時、だれも予想していませんでした。

満点の星・イルカのお迎え！ しかし……

国内での単独航海トレーニングなどを終え、いよいよ太平洋へ！

小笠原諸島父島を経て、無人島ばかりが並ぶ北マリアナス諸島を左に見ながら南下するまでは感動の連続、南下するにしたがってコバルトブルーの色が増す大海原に、夜は海面までつきそうなぐらいの満天の星！　そして、イルカのお出迎え！

「やっと太平洋に出られたぞ！」とばかりに歓喜の毎日でした。

ところが、いよいよサイパン島を過ぎグアムまであと150マイル[*1]手前まで来た海域で遭遇した巨大積乱雲（スーパーセルとも呼ぶ）には驚きました。

＊1　マイル：主として海上（船）や空中（飛行機）で用いられる距離の単位として、海里（nautical mile）があります。1海里は、正確には1852m。

巨大積乱雲（スーパーセル）の恐怖

遠洋を航海している期間、ある程度の頻度で遭遇する積乱雲は雨を伴う嵐になりますが、洋上での節水生活でいえば、まさに「恵みの雨」でもあります。

つまり、すぐさま裸になり「絶好のシャワータイム」となるのです。帆走中のヨットは走り続け、その中を突き抜けていくので、その時間は、せいぜい20～30分間。

ところが、このときはその倍ほどの時間と強風、まさにヨットがひっくり返るほどの大嵐、シャワーどころか「肝を冷やす」ほどのものでした。

すっかり到着時間に遅れが生じたものの、なんとかグアム島を目前にし、いよいよというときに、またまた島全体が暗くなるほどの超巨大な積乱雲が近づいてくるではありませんか……。

「今度はもっとでかそうだ！　こりゃ大変！」と思って間もなく、一瞬のうちに沖まで吹き飛ばされるほどの勢いの風！

それに加えて今度は島影どころか数メートル先も見えないほどの豪雨が１時間以上も降り続けたのです。

風向きが島から沖に向かってのものであったため、運よくサンゴ礁のある浅瀬に座礁するようなことは避けられましたが、後で知ったニュースではこれまでにないほどの長時間の豪雨が島中に洪水の被害をもたらしたほどの規模のもので、数年に一度発生するかどうかという巨大積乱雲（スーパーセル）の発生だったのです。

グアム島手前で遭遇したものは、島を直撃はしなかったものの、１日に２回もの発生に遭遇することとなり、初めての太平洋航海で、あきらかに「気候変動」の兆しを体感することになりました。

沖に流されて「這う這うの体（ほうほうのてい）」ではあったものの、どうにか夜中に入港し、無事到着。最終地マーシャル諸島を目指し、嵐で痛めつけられた船体の修理、補給、そしてクルーの交代などで数日滞在の後、東に向けて出航しました。

あれから５年後、再び発生した巨大積乱雲
この後、とてつもない大きさになったとのこと（グアム在住の友人提供）

失敗の航海、船を売却！

しかし、きつい向かい風でクルーに深刻な体調不良者が出たことと、航海機器の故障などが発生し、やむなくカロリン諸島手前で航海を断念！

そのままグアム島を再び目指して引き返すことになったのでした。

落胆のクルーたちは帰国、僕は現地で新しいクルーの募集をしつつ、台風シーズン前の出航を目指して、ヨットでの船内生活をしながら、再出港の機会をうかがっていました。

しかし、１か月進捗もなく経過、やむなく苦楽をともにした船を売却することを決断し、その後空路でグアムを後にしました。

今でも時々思うのはあの時の嵐はなんだったのか？

「島の人でさえ経験したことがない」という規模の雲、実は方向が多少ずれていたことで難を逃れはしたものの、あのとき、島の反対側では恐ろしい"海上竜巻"も発生していたとのことでした……。

嵐の去った静けさ…グアム・アガット湾の夕陽

グアム在住のカナダ人夫妻に売却が決まった最初の太平洋航海ヨット「飛天」
中古で購入した当時、すでに船齢30年を超えていました

風が変わった

僕が訪れている太平洋の島々は、サンゴでできた島。その多くは、山も谷も川もなく、海抜がせいぜい椰子の木の高さほどしかありません。ですから、いつも洋上の風がそのまま島の上を吹き続けます。風や気温の変化など気候変動の影響をもろに受けているのです。

マーシャル諸島・マジュロ環礁（2010年）

たとえば、気候変動で風が強くなったといわれていますが、島のすべてが直接的な影響を受け、台風が巨大化している近年では、遮る山がないため壊滅的な影響を被ることもあるのです。

そして、訪れた島の人たちは、口々にこう話します。

「風が変わった」と……。

❸ 気候正義

海の熱波、そして７本もの竜巻との遭遇！

第１回目の遠洋航海が失敗に終わり、最後には現地で船を売却することに至るまでの１か月間、グアムの郊外にあるマリーナで船上生活をしながら、次の航海に向けての船の購入プランを練っていました。

帰国後、縁があって南アフリカから船ごと日本に移住してきた南アフリカ人のオーナーと知り合い、ほぼ理想としていた中古の鉄製の大型ヨットを購入することができました。

艇名はVelvet Moon！　ちょっとおしゃれでくすぐったい名前ですが、西洋では船の名前を変えることは不運を呼ぶといわれているため、２回目の航海は、Velvet Moon号とともに挑むことになりました。

普通ヨットのほとんどはFRP（強化プラスチック）でつくられていますが、近年クジラに衝突しての事故で一瞬にして沈没してしまうというヨットの事故が絶えず、しかもやはりこれも気候変動による水温変化等の影響からか、日本近海に冬季の間回遊してくるクジラのシベリアなどの極地方面に還る時期が遅くなっているというような情報（不確かではあるが）もあり、国内では手に入りにくい鉄製のヨットは理想的でした。

第１回目の航海からちょうど１年、今度は万全を期して出航しました。

そして、この航海でさらに「気候が危機的になっていること」を経験したのです。

写真は出航した５月、母港横須賀を出て２日目の八丈島沖ですでにこんなにも高い水温を計測しました

母港横須賀を発って２日目、八丈島沖の海域でなんと31度以上もの高水温を記録、まるで違う海域に入った様な異常な状況です。

これは最近の研究で「海洋熱波[＊1]」と呼ばれる現象ではないか？と思わせるような不思議な体験でした。

そして、写真はとうとう遭遇してしまった海上竜巻！

異常に高い海水温が原因です。

この時、なんと同時に７本もの海上竜巻に囲まれることになりました。

半分パニックになりながら、セールを降ろし全速力で逃げ回ったため､かろうじてクルーが撮ったスマホの写真が１枚あるだけです。

いくら鉄の船で、大型にしても気候変動への備えは十分とはいえません。

日本を出てから26日間もかかったマーシャル諸島への直線航路、覚悟はしていたとはいえ向かい風が予想以上にきつく、さらには100年以上続いている各海域の風向･風力記録の記載された海図（パイロットチャート）に記録されている平均風向･風力とは微妙に違ってきていることを体感しました。

北太平洋を吹いている偏東風（北東貿易風）が微妙にずれているような気がするのです。

記録されているこの航海での航跡図では、大幅に航路修正している跡が見られます。

なんと計７本もの海上竜巻が発生
２本が写っていて３本目が生まれようとしています

＊１　海洋熱波（Marine Heat Wave）：海水温が通常の変動枠を超えて、異常に高くなる海域が生まれる現象。少なくても数日間、時には数か月続くこともあります。気候変動の影響で最近注目を浴びています。

風が変わった

きつい向かい風の中の26日間の航海でしたが、無事マーシャル諸島の首都マジュロに着き、通関後、次の目的地ビキニ環礁を目指し、環礁に囲まれた島々を巡航する航海に出発しました。

そこでは、訪れる島々で島民から驚くような話を聞くことになりました。

それは、だれもが「風が変わった、強くなり、向きが変わった」というのです。さらには気温も上がり暑くなった、そのため椰子の木も枯れ、大事な食糧である椰子の実の収穫にも深刻な被害が出ているとのことでした。

風が強くなり、枯れ始める椰子の木

村長の家の外壁が流されたとのこと（ウォッチェ島）

そして、だれに会っても「日本人は気候変動をどう思うか？」と聞いてくるのです。
できるだけ多くの人々から話を聞き、大統領にも会って話を聞きました。
そこでも話の大半は気候変動の話、水没する島々、母国、私たちの未来は気候変動により奪われつつあるというような話だったのです。

実は彼らが日本人を見ると必ず聞いてくる「気候変動をどう思っているのか？」という言葉の裏には「お前たちの出している CO_2 の影響で我々は被害を被っているんだぞ！」という意味があるのではないかと思うのです。
実際、いま地球上で CO_2 の排出をしているのは、先進国といわれる国の人々の経済活動、私たちの生活によるものです。
太平洋に浮かぶ島々に暮らす彼らは、ほとんどその排出に責任を負っていないのです。
それだけではなく東南アジアの国々、南米大陸の国々、アフリカ大陸の国々の人々、つまり「開発途上国」といわれる国の人々ほど深刻な被害を受けているのです。
それは私たちの便利で贅沢な暮らしの「つけ」を彼らに払わせているという事実です。どう考えても不公正で公平さに著しく欠けるこの事実を倫理的に考える視座が必要だと思います。このことを「気候正義」という言葉で考えます。

そして、この航海でいくつもの島々を訪れ、多くの人たちと出会い、話を聞きながらあらためて感じたことは、「このような事実を容認できない」という気持ちの高まりでもありました。

マーシャル諸島共和国大統領（前）ヒルダ・ハイネさんとの会談
マーシャル到着の翌日、26日間の航海直後で僕の顔は疲れ切っている

南の友人たちへの気候正義

実はいま、太平洋の島々で起きていることは、けっして私たちの暮らしと無関係に起こっているわけではありません。

このことを体感し、理解するために自分の目で目撃し、そこで暮らしている人たちから話を聞くということがどれだけ大切かを再認識した航海でもありました。

とくにマーシャル諸島は太平洋に散らばる34もの環礁に、無数の島々が点在しています。

定期船のないところがほとんどですから、島の暮らしは自給自足。

気候変動の影響で椰子の木が枯れ、魚が獲れなくなってきているという状況は彼らの生活と命に直結する問題なのです。

当初、なかなか行くことができない島々を巡航する予定で、最終目的地のロンゲラップ島[*2]を目指しました。

ウオッチェ島、アイルック島、と順番に北上。

どこの島でも、島民あげての大歓迎！　なにしろ「日本人がヨットに乗ってやってきた」というのは前代未聞の出来事です。

彼らも数千年前にアジアから風を頼りに「帆の付いたカヌー」で海を渡ってきたご先祖を持つ航海の民、私たちを「海の勇者」として歓迎の歌や踊りで迎えてくれました。

浦島太郎の話では、毎日の歌や踊りの宴であっという間に時間が過ぎてしまった……と書かれていますが、たった数日の滞在ではありましたが、常夏の島の暮らしは、ゆったりと時が流れているようで、実は予想以上に厳しいものでした。

＊2　ロンゲラップ島：水爆ブラボーの実験地ビキニ環礁から160km ほど離れたロンゲラップ環礁の中にある中心の島。

吹き続ける強風

この停泊期間中、強い風が吹き荒れて一向に弱まる気配もなく、夜中も風速20mを超える風がビュービュー吹き続けるという状態。

Velvet Moon号のマストは25mもあるので、マストや索具、ロープなどにあたる風がピューピューと音を立て続けます。さすがにクルーたちも「昨夜は風が強く怖くて眠れなかった……」と口にします。なにしろここは風を防ぐ山も、谷も、建物もありません。

島に着いた喜びもつかの間、「実は島の暮らしはとても過酷だ」ということを体感するようになったのです。

島の長老は「とくにこの10年がひどい、風が変わり強くなって、子どもや孫のことを考えると心配で心配でたまらない」と話していました。

また、不定期で食料や、物資を運ぶ船が首都マジュロからやって来るものの、海が荒れる日が多くなって、ますますあてにならず、食料事情はさらに悪くなっているとのことでした。

Velvet Moon 号のクルーたちは疲労の様子を見せはじめ、一向に収まらない強風に恐怖の表情さえ見せはじめました。

「ここまで来たのだからいいか！」と内心未練たらたらではありましたが、最終目的地までの航海をあきらめ、首都マジュロへ帰港することを決断しました。

私たちは「ここが快適でない！」となれば、我が家に帰ることができます。

しかし、そこで暮らしている人たちはそういうわけにはいきません。

はるか南の国々でほとんど援助も受けられず苦しんでいる人たちに思いをはせること、その責任は少なからず私たちの過剰な消費生活からくるものであるということを深く心に留めておくべきではな

広い環礁内の島々を自由に行き来するセーリングカヌー
古代からこの形はほぼ変わらずに受け継がれている

いかということ実感しました。

海の上から地球が見えた

2015年から始めた太平洋航海プロジェクト。

巡航先の国や島々で目撃したこと、聞いた話などから「気候変動の兆しは危機的な状況である」と身をもって知ることとなりました。

パラオのロックアイランド　狭い水路をヨットで進む

たとえば、2018年のパラオまでの約２か月間の航海の際、現地でもこれまで経験したことのない豪雨や長雨などによる悪天候が続いていた時に偶然私たちは訪れました。

パラオの北西方向の洋上に停滞していた低気圧が原因と思われていましたが、これが日本に向かっていくことは予想できましたし、そのまま日本を覆うようなことになれば大変な雨量になることも想像できました。

パラオから「今こっちの低気圧がそっちに行くよ、気を付けて！」とメール配信をしましたが、案の定、これは西日本を中心とした集中豪雨[*1]となり、各地に甚大な被害を及ぼしました。

さらにその後、これらの被害の爪痕を、日本にいなくても、日本への帰路の洋上にて知ることになりました。

九州から西日本にかけて降った大量の雨で山間部からの倒木などが黒潮に運ばれて北上し、洋上を漂っていたのです。

とくに豪雨の１～２週間後には、父島から北上して伊豆諸島に近づく海域、つまり「黒潮流路」に差しかかるあたりから、信じられないくらい大量の流木が見られました。

昼間のワッチ（見張り当番）を慎重に行い、これらをよけながら走りましたが、夜中の航行中は避けようがありません。

こんな流木が航行中の船にあたったら……

夜中の轟音“ドカ～ン！”

ある日のこと、夜中に明らかに大きな物体に衝突したと思われるほどの轟音に驚いたことがありました。ドカーンという音は、もしかしてなにかに乗り上げてしまったのか？　と思うほど。

それとも、ついにクジラと……？

船体の損傷はない様子でしたが、つくづく「鉄の船で良かった」と思ったものです。

日本の西部で発生した豪雨による漂流物は、黒潮に運ばれ北上していきます。

ヨットのような小型船舶にとってはクジラとの衝突以上に現実的なリスクなのです。北上中の漂流物は途中で東に進路を変え、北太平洋海流[*2]に乗り太平洋を横断し、対岸に着くか、また北赤道海流[*3]に乗って、日本に帰ってきます。

津波で流された漂流物が、数年後に日本に漂着するのと同じ原理です。

＊1　2018年7月9日に気象庁が「平成30年7月豪雨」と命名していますが「西日本豪雨」と称している事例も多いです。

＊2　北太平洋海流：赤道の熱を運んでくる黒潮が北上し、北関東沖から東へ向かい対岸のカナダからカルフォルニア沖までの海流。

＊3　北赤道海流：赤道の北側を沿って日本の沿岸に向けて流れる海流で黒潮に直結します。

海から山が見える

洋上にいて見えるのは、海が陸の気象をつくっているということこと。

海水温の上昇などによる気候の変化が、巨大台風や集中豪雨などを生むということ。

そして、日本列島のように、山々が連なり急流の河川などが海に通じている地形では、海にいても山の状況が良く見えるということです。

つまり、洋上を漂流する大量の倒木などは、山の荒廃を意味しています。

人が山に入らなくなり、山の人口は減り続け、「里山」の衰退や荒れ果てた山の姿が、海にいても容易に想像できるのです。

若者たちへの気候正義

長い間海の中を見続けてきた自分ですが、ヨットで遠洋航海をするようになってから巡航先の遠い島々で暮らす人々だけでなく、自分の国にも危機的な気候の変化が災害となって自分たちに返ってきている状況が見えてきました。

2018年は巨大台風15号や19号などが国内各地に甚大な被害を及ぼした年。日本は世界で気候変動の影響を最も受けた国ランキングで1位になりました[*4]。

しかし、これらは単なる偶発的な自然災害などではなく、人の生活や経済活動などが原因で起こっている「人災」といってもいいのではないかと思うのです。

この本を書いている2022年の夏、日本はまたまた記録的な猛暑に見舞われ、各地で豪雨や河川の氾濫などが発生しています。

これら人類が直面する気候危機に対して便利な暮らしを謳歌してきた時代の年齢層の人たちは当然のこと、世代を超えた取り組みが急がれます。

でなければ自分の子や孫、そしてその先の世代にまで"つけ"を残して逃げ切ってしまうことにもなりかねず、そんなことは許されるべきではありません。「気候正義」、この正義という言葉の対義語は「不正義」で、「不公正」「不公平」という意味でもあります。

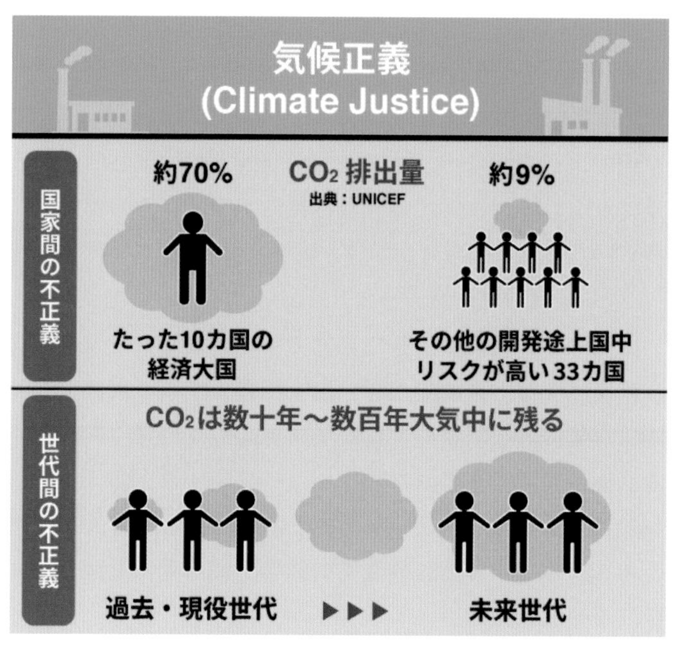

だれかを犠牲にして成り立つ社会は、けっして持続可能なものにはなり得ない
南の島々で出会った人たちや「気候正義」を掲げ
世界中で声を上げる若者たちの姿を見てあらためてその認識を強くしています

太平洋航海プロジェクトは、現在も継続し、いまではヨット経験者が多く乗る航海から、ヨットはもちろん、船で寝泊まりすることも未経験だった人たちを対象にしたものに進化しています。

そのスローガンは「自分の目で目撃しよう！」ということ。偏った報道や、情報などに左右されず「自分の頭で考えられる人づくり」です。

これも環境活動家としての大事な使命ではないかと思っています。

＊4　ドイツのNGOジャーマンウオッチによるClimate Risk Index 2000での統計。

マーシャル諸島アイルック環礁沖に停泊する Velvet Moon 号

太平洋航海プロジェクト
現在ではヨット未経験者対象に、「自分の目で目撃しよう！」をスローガンに
多くの老若男女のクルーが乗り組んでいます

海の中でも パンデミック

沖縄、八重山群島の海に広がる見事な造礁サンゴ。

しかし、よく見ると白くなりかけている部分やがれきのようになってしまっている部分があります。

水温上昇やオニヒトデの食害などで失われていく沖縄のサンゴ礁ですが、部分的に白化している状態は、もしかしたらサンゴにも感染症が広がっているのではないか？　当時そんな予感を抱いていました。

それでも海の生き物たちは、自らの免疫力などで対抗してきました。

沖縄・宮古島（2012年）

しかし、海洋プラスチックをはじめとする海洋汚染は、それにとどめを刺すほど強烈なインパクトを与えているのです。

地球上の海洋生物の約４分の１がサンゴ礁海域に生息しています。

サンゴがなくなるということは、そこで共生している生物たちの絶滅も意味します。

つまり、一つの種の絶滅、それは生態系全体の崩壊の始まりでもあるのです。

4 猿の惑星・家畜の惑星・コロナの惑星

気候変動とパンデミック

「気候変動・気候危機・気候正義」について包括的な理解をするうえで、いままさに、これらに深く関連しているコロナ禍を理解することが大切です。

それはこの先数年といった短期的視点から論じることなど到底不十分で、私たちの先の世代にまで永遠に続くかもしれない災禍を根本から考えていく必要があると思います。

なぜなら、コロナ禍は「最後の危機」でも「最悪の危機」でもないからです。

猿の惑星

もう50年以上も前のことになりますが、中学生のころにこの映画を観た時の驚き、そして最後のシーンで主人公のテイラー（C・ヘストン）が「ここが地球だった」という証拠を見つけ、嘆き叫ぶ「なんてことをしたんだ！　人間なんてみんな地獄に落ちてしまえ！」というセリフは強烈でした。

核戦争で地球が破滅してしまったというストーリーが、自分が大人になってさらに現実的になっているということも皮肉ですが、この映画の描くもう一つの皮肉は、絶対的な存在であった人間の立場がすっかり逆転し、猿に支配されているということではないでしょうか。

それはまさに「人間中心主義」への警告ともいえます。

３つの危機

コロナ禍を３つの危機として捉えるならば、

・１つは食料や家畜肥料のための農地開発や農地への転用のために森林がなくなっているという、人間の消費生活に関連していること。

・２つ目は起きてしまっていることに対して、医師不足や医療体制の不備などから対処的なことでしか対応できていないこと。

・そして３つ目は生物多様性の崩壊が続く限り「パンデミックはさらに続く」ということではないか？

と僕は認識しています[＊1]。

＊１　ヨハン・ロックストローム「人類社会の課題」（『世界』2021年５月号）

海洋環境でのパンデミック

実は、海の中でも同じような状況が起きているのです。

長年海の世界を見てきましたが、地球規模でのサンゴや海藻類等の消失は激烈で、その原因は海水温の上昇とともに魚類の摂餌行動の変化や種の偏りなど複合的です。

また、漁業の近代化にともない乱獲が進み、この50年間で食用魚類の９割がいなくなったといわれています[＊2]。

このことによる生物多様性の喪失は深刻で、私たちの食卓から養殖以外の魚類が消えてしまうという日はそんなに遠くないでしょう。それほど人類は魚を食べ尽くしてしまったのです。

＊２　ランサム・マイヤーズ、ボリス・ワーム共同論文「捕食性魚類

群集の急速な世界的減少」(2003年にNatureに発表された論文)。20世紀後半の50年間で、マグロ、タラ、ヒラメなど大型捕食魚の数は10分の1に激減し、海の生態系は深刻な危機にさらされているとのことです。

生物多様性に富むこのような海は、少なくなってしまいました

サンゴの感染症

2020年、米コーネル大学の教授C・ドルー・ハーベル博士らの研究(生態学、進化生物学等の研究・海洋疾病関連など)で、メキシコのユカタン半島や豪州、太平洋のパラオで、サンゴ礁の崩壊を観察してきた結果、サンゴが細菌性の感染症に冒されるようになっていることを発見しました。

なかでもカリブ海のサンゴの被害は、強い伝染力を持つ致死性の微生物病原体が引き起こしているのではないか? という研究結果が出ており、海で急速に広がる感染症が蔓延し、いくつものパンデミック事例にもなっているとのことです。

そして、サンゴだけではなく米西海岸の海に生息している20種ものヒトデが感染し、海藻の健全な群生に重要な役割を果たす生き物が、絶滅していく事態になったのです。

すると、「海藻の森」も破壊され、そこに育まれてきた生物の多様性も失われてしまいます。

ハーベル博士は「海水温の上昇に伴って病原体による荒廃が増え続けていることも認識している」とコメントを出しています[*3]。

＊３　C・ドルー・ハーベル（米コーネル大学教授）「海の生態系にも迫るパンデミックの脅威」（The New York Times 2020年）

適応進化さえも奪われ

一方で、これに対抗して海洋生物は、驚くべき適応力と防御機能も見せています。

ヒトデやサンゴ、アワビが、人間と同じように回復力を持ち、免疫力を発揮して解決する強さを備えていることが、相次いでわかるようになってきたのです。

つまり、生物はそれぞれ、さまざまな課題を解決しながら命を繋いできました。

とくに生理的特性や病気に対する回復力や共生などは、環境とうまく折り合いをつけて生きる生命の「知恵の結晶」でもあるのです。

当然、その基本となる絶対的な環境は「生物多様性」です。しかし、その源泉が断たれてしまいつつある地球の海洋環境は、生物本来の「適応進化」さえ奪いつつあり、絶滅の速度を速めているのです。

海洋プラスチックでとどめ

そして、さらなる試練として「海洋プラスチック汚染」が、複合的に彼らの生息環境を脅かしています。

海洋で漂流するプラスチックは、もともと存在する海水中の毒物を吸着する性質があり、毒性を増していきます。

せっかくの自然再生力に対して、ここでもまた人間は「息の根を止める」ほどの負荷を与えているのではないかということが懸念されるのです。そして、人間社会でのパンデミック！

私たち人間がこの「破滅への負のスパイラル」の中心にあることは間違いないようです。

コロナ禍は葉山の景観に２つの変化をもたらしました
一つは海岸を訪れる家族連れが増え、
日没後も海辺でのひとときを惜しむように人がいつまでもいる風景、
そして、使い捨てマスクのゴミが増え、
砂浜や海中で頻繁にマスクを目にするようになったことです

家畜の惑星・コロナの惑星

生物多様性の崩壊という視点で見ると、パンデミックの約７割が野生動物からの感染由来であるということから、その災禍の拡大を想像することは難しくありません。

たとえば現在の地球上の哺乳類をその総重量で見てみると、いつの間にか圧倒的に家畜が占めているまるで「家畜の惑星」です。

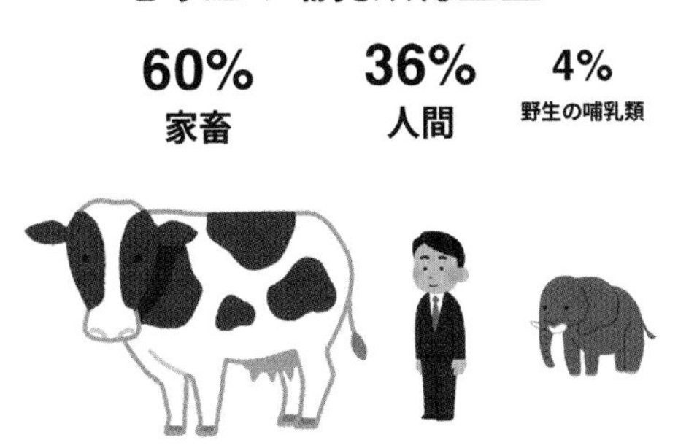

そのことからさらに想像できることは、たった４％にまで減ってしまった野生の哺乳類におとなしく宿っていたウイルスが、宿主が減り続け棲み処を奪われ、さらにはその宿主が森林伐採などで森を追われ、家畜や人間に宿るということは実は理にかなっているという言い方もできるのです。

人間の自作自演（？）ともいえる「負のスパイラル」がすべて人間に返ってきているのです。まるで「コロナの惑星」です。

「絶対的な存在」だと思いあがっていた人間中心主義の思考によって、コロナに支配されている現状は、あの50年以上も前の映画からの警告だったような気がしてなりません。

つまり、未来の地球の支配者は「猿」ではなく、「ウイルス」だったというストーリーなのです……。

コロナ禍の先

海に限らず自然環境に真剣に向かいあって生きてきた人は、パンデミックのような新興感染症の蔓延を、この危機的な気候の変動からみて予想できていたのではないかと思います。

また、自然の仕組みを理解している人にとっては、冷静にこの事態を見ることも、その原因を探ることも難しくはないでしょう。

それは、けっして「パンデミック以前に回帰する」ことを希望するのではなく、コロナ禍がもたらした教訓から「コロナ後」を思索できるということを意味します。

言葉を変えるなら、社会変革への大きなチャンス（機会）でもあるのです。

自然と向き合って生きてきた人間には「地球という惑星の限界を超えたヒトの活動が、いまや破滅への負のスパイラルを起こしている」ということを、広く発信していく義務があると思うのです。

サンゴの感染症に象徴される海の中でのパンデミックもコロナ禍も、そのキーワードは「生物多様性の崩壊」であるということを理解していなければなりません。

つまり、気候危機、海洋プラスチック汚染、そしてパンデミックも、すべてが人間の生活や経済活動等が原因であり、これらは完全に連環しているのだということを包括的に考える必要があると思います。

そのためには、**「人は自然と乖離してはいけない！」**

僕はやっぱりこのことを主張したいのです。

子どもたちと一緒に船尾からプランクトンネットを流す
学校でタブレットが配られる時代になり、ますます子どもたちの海離れや
自然から遠のく環境が加速している「デジタル庁」なんかつくるなら、
軍事費を増やすなら、教員を増やせ、野外教室を増やせ！
そして「自然と乖離させてはだめだ！」と叫びたい

船上で採取したプランクトンを観察する子どもたち

軽石漂着とサンゴ

2021年夏に小笠原諸島の海底火山の噴火により発生した沖縄への軽石漂着。

サンゴは大丈夫なのか？　「まずは自分の目で目撃し、冷静に考えたい！」と、共感した仲間たちと沖縄へ！

水面を覆う軽石！　風で移動、分散し、風向によっては沖合に離れて行くため、サンゴへの被害はほとんど見られません。

なにより人為的起源なわけではないこの現象に、むしろ地球のエネルギーを感じられるのです。

沖縄島（2021年）

日本には、地球に存在する火山の約７％があり、世界で３番目に多くの地熱資源を有しています。

つまり「深刻な被害」だとメディアは報道していますが、そうではなく、現場に身を置いてみると、いかに日本が自然エネルギー源に溢れている国であるかが解るのです。

自分の目で目撃することがいかに大切か？　そして、フィールドに身を置き「感じる、想像する」ことはもっと重要だ思います。

❺ 知ることが希望

ここまで読んでいただいた読者のみなさんは、僕が海で目撃してきた報告を通して、気候変動とともに地球環境がどのように変容していったのか？　ということを、そのほんの一部ではありますが、知っていただけたのではないかと思います。

そうだとしたら、どうしたらよいか？　なにをすべきか？　ということが問われるでしょう。この「永遠不滅」ともいうべき課題にどう挑み体現していくか？

その実践が"気候危機に立ち向かう行動"の一つとして始めたプラスチックフリー・ゼロウェイストストア「エコストアパパラギ」の起ち上げとこのストアでの今日までの活動です。

２回目の太平洋航海から帰ってきて家族の協力のもと起ち上げたこのストアは、開業して４年目になりますが、この課題に対して多くのヒントがえられました。

「まとめ」という意味も含めて、この課題を一緒に紐解いていければと思います。

気候変動の問題は難しいか？

まず、気候変動の問題が難しいと感じることの一つは、「考えたこともなかった」ようなことが要因になっていると突きつけられることではないでしょうか？

たとえば、「大手電力会社から"化石燃料でつくる電気"を買っている以上、気候問題は解決しない！」などといわれても、すぐに

起ち上げ当初から目標にしていた「労働者協働組合」としての運営形態が実現し、現在では一般社団法人として7人のワーカーズによる運営を行っています

は理解できないのではないかと思います。

また、三度の食事に関わる農業や畜産などが、いまや「地球を壊す勢いと規模になってしまっている」と説明されても、具体的に想像するのは難しいかもしれません。

これでは、まるですべてを否定されているような気持ちになってしまい、環境のことなど考えたくもなくなってしまう……ともなりかねません。

「当たり前」のこととして疑いもなく生きてきた日々の生活が、実は地球の未来を危ういものにしてしまっているという思考の転換は、たしかに受け入れがたいもので、あまり考えずに生きていたいと思うものです。

だから、難しいというよりも「考えたくない」というのが圧倒的多くの人の思考傾向ではないかと思います。

そういう意味では、エコストアパパラギに来店する人たちは果敢にも「考えたい！」、若しくは「考えなきゃ、行動しなきゃ」という動機を持っています。
言い方を変えれば、普通の暮らしや生活の仕方に疑問を持ち始め「当たり前」に疑問を感じ出した人たちといえるのです。

当たり前のことから疑ってみる

「当たり前のことから疑ってみる」ということを常に心がけている人は、気候変動に限らず、どんな問題に関しても思索する心構えがあるものです。
気候変動の問題はまさにこの「当たり前のことから疑ってみる」こと、これまでのヒトの生活を一度ひっくり返してみることで、いろいろなことが見えてくるのです。
そう考えるとけっして難しい問題ではないと思います。
そして、大きな壁はやっぱり教育なんだろうな……とつくづく感じています。

イルカショーと学校教育

当たり前のことを疑ってみるということで「いったいなにが悪いの？」といわれてしまいそうな話の一つが、水族館のイルカショー（シャチ、アシカ、トド、そのほか大勢の動物たちのショー）やサーカスの動物芸などではないでしょうか？

20数年前の拙著『海の中から地球が見える』でイルカショーについて書いてはみたものの、当時はほとんど反響がありませんでした。はたして、いまはどうでしょうか……？
学校の遠足で水族館に行ってイルカショーを見せていますし、最近、湘南に来た動物たちが出るサーカスを学年全員で見に行った小学校もあります。

給食は残さない、廊下は走らない、シャチには乗らない！

まずなにより、あれは彼らの本当の姿ではありません。

動物を捕獲し、人が喜ぶように擬人化させ、お座敷芸のようなことをさせる。学校教育の一環として、非科学的な空間（ショー）の中で生き物の姿を見せるということ自体が「教育」とはいえないのではないでしょうか？

そして、科学的にも倫理的にもヒト以外の生き物を客体としてみる「人間中心主義」にほかならないのではないかと思います。

今や欧米では動物ショーなど考えられないことです。時代は変わっているのです。

環境教育は「道徳」ではなく「科学」で

EU 諸国に比べ30年は遅れているといわれている日本の環境教育。それでも、最近はやっと小学校４年生からの「３Ｒ」や SDGs

日本～パラオ間を帆船に乗って子どもたちに「気候変動を海から知ってもらう」
という洋上の「オーシャンアカデミー」（2018年～ 2019年）
これを担当した国連環境担当官の授業、JAMSTEC の科学者
僕も一度授業を担当させてもらいました

への取り組みなど少しは動き出しました。

課題や個人研究などで「環境」や「気候変動」を取り上げる児童もたしかに増えています。しかし、やはり学校としての取り組みのなかで問題だと感じるのは、環境教育を道徳や倫理で教えようとしていることです。

EU 諸国の小学校の教科書を見ると「自分たちの生活の仕方によって地球の気候が変わっていることを知ろう」というフレーズから始まり、地球の環境が気候変動によってどのように変容しているかを数字で考えさせるというアプローチを行っています。

つまり、「環境教育は道徳や倫理ではなく科学で教える」という基本的な概念がしっかり根づいているのです。

また、EU 諸国が環境政策などで世界をリードしているのは、やはり学校で環境教育を受けた子どもたちが育ち、そして大人になって今まさに科学や経済、政治などの中心的な位置にいるということ

国連環境担当官による授業
「ビンゴゲーム」を使って気候変動を数字で理解させるというプログラム
「環境教育は数字と科学で」の実践

なのです。

そのような状況を見たうえで日本を振り返ると、どうしても悲観的になってしまいます。

それは、せっかく始まりかけている学校での環境教育ですが、教員がそれを適切に教えることができるか？　という問題でもあります。

そして、それはけっして教員を批判することではありません。

日本の長きにわたる教育に対しての無策ぶりは、とても座視できるものではありませんし、防衛費倍増などという「人の命を奪うことにはお金をかけ、人を育てる教育費には呆れるほどお金を使わない」。その結果、現在の学校現場の状況をはじめ、教育を取り巻く環境などがどれだけ凄惨を極めるものであるかということも知る必要があります。
　そして、なにより政治家はもとより、私たち日本人はまともな環境教育を受けてこなかったという事実が、大きな壁になっているのではないでしょうか？

生活者が社会を変える

　それでは、私たち大人はなにをすべきでしょうか？　効果的な行動の選択とはなんでしょうか？
「地球に負担をかけないような生活をしたい」という人、レジ袋をもらわない、ペットボトルは買わないという人が以前よりはたしかに増えはじめています。

　しかし「自分はやっている」という自己満足に陥ったり、「免罪符」を勝ち取ったような気になっている人も少なくありません。
　また「個人個人の意識が変わらないと地球は救えません」というような「自己責任論」的な言説に惑わされてしまうことも考えもので、罪悪感にさいなまれてしまうことにもなりかねません。
　ましてや猛暑のなかでエアコンを使わず熱中症になってしまうという「ガマンエコ」はご法度！　我慢は続かないものです。

　つまり、どんなに個人がコツコツ生活改善をしたとしても、発電所や運輸、工業活動など多くの化石燃料を燃やして稼働するしくみによる膨大なCO_2の排出量やスケールにはとても歯が立つわけがありません。

　世界が目指しているのは社会・経済の大転換であり、原発や化石燃料に頼らないエネルギー革命です。
　ですから、まずは化石燃料で電気を作っている大手電力会社との契約をやめ、自然エネルギーの電気に切り替える「パワーシフト」（電力会社を変える）を実行する。これが行動の第一歩なのです。

僕の必死な形相！
「発電機関の中で最も CO_2 を出す石炭火力発電所なんてとんでもない！」

異論との出会い

そこで、効果的な行動の選択はなにか？ということをもう一歩踏み出して考えると、

・一人ではなく、人が集まって学習する場に積極的に身を置く。
・環境団体や市民グループなどの会員になり、活動に参加する。
・それらの活動のなかで、同じ考えや志を持つ人と出会う機会を増やす。
・より多くの人と話す中で、違う意見や情報にも耳を傾ける。

これは、様々な情報を得るということだけに限らず、人が集まる場に身を置くことで「異論との出会い」があり、一気に世界が広がっていくということでもあります。

家族とともに立ち上げたエコストアは多くの仲間を作り、確実に志を同じとする人たちの輪を広げる場を提供しているといえます。

また、ここで生まれた新しいNPO法人「気候危機対策ネットワーク」は、驚くほど多様なメンバーによる自主的な活動、学習と実践等による成果をあげています。
ぜひ、貴方も会員になってともに活動してほしいと思います。

声をあげ続けよう！

さて、あらためて「気候危機に立ち向かう行動のために個人でできることはなんですか？」
この問いにシンプルな答えがあるとすれば「あなたの声を大きくすることです」ということになると思います。
ここまで書いてきたように、結局は社会・経済の仕組みが変わらなければ、なにも変わっていかないことは明らかだからです。

個人の行動の変化は「社会の空気感を変える」ということにもなりますから、軽視すべきではありませんが、「多くの人たちとともに大きな力にして、声をあげ続ける」ことで形になるものです。
当然、その声は国を動かすほどのものでなければなりませんので、自分たちの声の代表を議会に送ることが最も実効性があります。

いまやEU諸国などでは環境政策を持たない政党などありえないという情勢の中、日本ではいまだに経済最優先、環境政策ほぼゼロという政党が票を集めるという情けない状況です。

「投票は、科学に基づいた環境政策を持つ政党へ！」という時代が来ることを望みたいと思います。
個人の力を結集すれば、きっと「知ることが希望」が実効性のある行動の源流になると信じています。

NPO 気候対策ネットワーク環境活動家養成コース
これまで小学４年生から 70歳まで計 60数名の受講者がいます

議会を動かし「地域自治主義」をスローガンに活動する仲間たち
そこから一人「藤沢市環境審議会委員」に任命された！
さあ、次は議員だ！ 「気候市民会議」の実現だ！

平和の危機

「環境運動も平和運動も同じだ！」というと、きょとんとする人がいる。

僕もそれを見てきょとんとする……そういう時代が長く続きました。

いま、核廃絶平和運動を長い間続けてきた人たちが「気候危機も地球を破壊する」ということを必死に学びはじめています。

また、環境運動に取り組んでいる人たちに「環境破壊の最たるものは戦争だ！」という話をしても「政治的な話はちょっと……」と拒否感を示す人が多くいたものでしたが、今は同じように変わりつつあります。

グアム島（2012年）

日本では気候危機に関して圧倒的に無知・無関心の人が多い。
また、「ウクライナ危機」に乗じての軍事費倍増、憲法破壊など、まるで火事場泥棒のごとく強行されてしまう危険性が強くなっている。

だからこそ、「地球を救え！」という同じ志を持つ人たちの連帯を強くし、大きなうねりにして危機に立ち向かうことが必要なのです。
いま、人類は地球規模で２つの危機を迎えています。
それが、気候危機と平和の危機なのです。

第2部
平和の危機

⑥ 戦争と環境破壊

戦争の準備から戦後までのすべてが環境破壊！

太平洋は常に戦場だった

僕は、この40年間の海で体感してきた地球の危機的な状況と、戦争による環境破壊は同じ問題であるということを直観的に感じていました。

つまり、「戦争」と「環境破壊」とは別の問題として考えるべきではないということなのです。

潜り続けてきた環太平洋の沿岸海域や島々、太平洋航海プロジェクトによりヨットによる巡航を行っているミクロネシアの国々は、二度の大戦時代にドイツ・日本・米国と他国に支配され続けてきた歴史を持っています。

レジャーダイバーに人気の「沈船ダイビング」はまさにそれらの爪痕といえますし、それらの地域で潜っていれば否が応でも戦争の痕跡が目に入ってくるのです。

そして、これらの大戦を経た後の冷戦時代には、原水爆実験による核実験場にされてきたという歴史もあります。

米国は終戦の翌年1946年から58年までの間、マーシャル諸島ビキニ環礁・エニウェトク環礁の両地域で、計67回の原水爆実験を行い、フランスは南太平洋での実験で、1966年から96年まで、計200回前後もの実験を行っています。

当然、これらの核実験場になった太平洋の島々に暮らす人々の被害は筆舌に尽くしがたいものです。

広範囲に海も大気も汚染され､実験場になった島や環礁の中には、跡形もなくこの地球上から消え去ってしまったところも少なくありません。

1954年にビキニ環礁で行われた水爆ブラボー実験

なにより一瞬にして最も激しく環境を破壊するのは、核兵器をはじめとする軍事行動や戦争行為であるということは、火を見るよりも明らかなのです。

もちろん、気候変動という側面でみても軍事活動に由来する膨大な CO_2 の排出にきちんと目を向ける必要があります。

戦争の準備・基地建設

戦闘行為（戦争）だけでなく、核実験をはじめとする軍事行動に関わるすべてが環境破壊を伴うという視座が必要です。

まず、"戦争の準備"という面で考えてみましょう。

たとえば、戦争の準備のための基地建設では、「辺野古」の基地建設が最もわかりやすい例ではないでしょうか。

そこで行われてきた容赦ない環境破壊を、私たちは目にしています。

写真は辺野古のある大浦湾の様子、沖縄島からサンゴが激減しているなか、ここには見事な造礁サンゴが広がっていました。

一時的に海水温上昇の影響で白化現象も起きましたが、冬に水温が下がり、なんとか回復の兆しがありました。

ところが土砂の流入が始まり、埋め立て工事が加速してくると、がれき化している箇所が増えてきたのです。

白化が進む辺野古のサンゴ

また、気候変動の問題に関連して「温暖化による水面上昇で、太平洋のサンゴの島々が水没の危機にある」という報道が多いのですが、はたして原因はそれだけなのでしょうか？

たとえば、「世界で最初に水没する国」といわれるツバル共和国では、太平洋戦争中（1942年）に米軍がマングローブに囲まれた湿地を埋め立て、長さ 1500m 超の滑走路をつくりました。

現在、洪水被害が激しい所は、この滑走路付近だといわれています。[*1]

また、マーシャル諸島共和国の首都マジュロでは、もともとは島が４つに分かれていたのですが、基地や滑走路建設に都合がいいように各島の間にあった水路が全部埋め立てられて、今ではまるで一つの島のようになっています。

もともと島と島の間は、水路によって潮の満ち引きの際に海水が外海と内湾を出入りするという自然の仕組みがありましたが、埋め立てによりこれらの海水が行き場を失い、現在高潮の際に冠水する位置は、ほとんどが旧水路のあった場所と一致しているという現状があります。

環礁には必ず切れ目（パスと呼ばれる水路）があり
そこが航路にもなっています
しかし、そこを人間の勝手な都合で埋め立ててしまった……

自然環境の変容はけっして一つの側面から見るのではなく、複合的な原因が存在していることが多いという現状を知るべきですし、少なくともこのような場面でも戦争やその準備過程が自然破壊に関与しているということを知っておくべきだと思います。

もちろん戦争に向けての「軍事演習」でも、戦闘機をはじめ実射訓練などなど容赦なく燃料や大量の火薬類によって、CO_2の排出と自然破壊が行われます。

つまり戦闘に向けてのすべての軍事活動には、膨大なエネルギーや石油などの燃料が必要なのです。

＊１　近森正『サンゴ礁と人間』慶應義塾大学出版会

ひたすら破壊しまくる戦争

戦争では、人の命は当然のこと、あげたらきりがないほどの資源の大量消費やすさまじい規模での環境破壊が行われます。

大規模な環境破壊を引き起こした例として、枯葉剤の散布で知られたベトナム戦争を忘れてはいけません。

密林に隠れたベトナム解放軍兵士を攻撃するために森林を焼き払い、二度と再生しないように科学兵器で不毛の地にしてしまうというやり方は「環境破壊を目的とした兵器の使用」の象徴ともいえます。

もちろん異常出産や先天性欠損の子どもなど、少なくても10数万人もの人が深刻な被害を受けている事実もけっして見過ごすことはできません。

そして、枯葉剤により森林は枯れ果て耕作地は不毛のままになっています[*2]。

また、いままさにロシアの侵攻によるウクライナへの環境破壊は私たちがリアルタイムで目にしています（表1）。

表　ロシアの侵攻によるウクライナの環境被害

総損失	約5兆3000億円
温室効果ガス排出量	約3300万トン（戦闘による農地、森林火災含む）
CO_2換算	ニュージーランドの年間排出量とほぼ同じ
破壊された森林	45万ヘクタール
影響を受けた動物	600種
黒海で死んだイルカ	120頭
爆発物残骸	30万個
破壊され放置のままの露軍戦車	2700両
戦闘機	280機

その他、兵器残骸からの化学物質・重金属類の土壌汚染等

（ウクライナ政府調べ・ロイター通信　22年11月14日）

戦闘員はヒトの兵士だけでなく、たとえば米軍では、軍事訓練されたイルカやアシカを兵器として保有していることが知られていますし、戦時には多く駆り出されているということもわかっています。

ヒト以外の動物も植物も、あらゆる命と自然が破壊しつくされるのです。

さらには「戦後処理」でも廃棄物の大量放出、有害物質の廃棄などが行われます。

写真は、グアム島の海底風景ですが、ここには大量の兵器などが捨てられ海底一面が兵器のゴミ捨て場と化しています。

戦後処理の問題としてさらに深刻なのは、これら環境破壊が半永久的に続くだろう生物・化学兵器、劣化ウラン弾などの科学兵器が、破棄され地雷などのように地中にいつまでも残ったまま（埋設兵器）

になっていることで、戦後も長い期間、人の命や健康、生活、自然環境に深い傷跡を残し続けているという現実です。

＊２　池内了「戦争と環境破壊」(『現代思想』Vol.48-5)

海底に捨てられた戦車

核兵器による永久的ともいえる環境破壊

さらに、核兵器では、一瞬にして自然環境や生物などを破壊し、人への健康被害にとどまらず、将来にわたって環境を汚染し続けるということが知られています。

広島・長崎での核被害はもちろんのこと、あの米国によるビキニ水爆実験に代表される核実験が、太平洋の広い範囲でどれだけ放射線物質の無軌道な大量撒布を行ったのでしょうか？

当時の記録などを読むと、ビキニ環礁から数千キロも離れた海域でもマグロ・カツオなどの魚類に限らず、プランクトンまでもが高い放射能に汚染されていたということが証明されています[＊3]。

また、レイチェル・カーソンは著書『沈黙の春』で第五福竜丸の被ばく、久保山愛吉さんの死にもふれ、放射性物質が農薬の被害とともに人類と自然環境に対して壊滅的脅威となることを、すでに当時から示唆しています。

原水爆実験によって消えたいくつもの環礁や島々、粉々になって「死の灰」と化したサンゴの無残な姿……。

戦争とは人類だけでなく地球そのものを破壊し続けるものなのです。

太平洋のど真ん中に核のゴミ捨て場

米国が核実験を行ったマーシャル諸島エニウェトク環礁には1970年代につくられた核廃棄物などが廃棄された「核のゴミ捨て場」があります。

これは「ルニットドーム」と呼ばれ、原水爆実験で空いた地上の穴に、放射能で汚染された土や灰、残骸などを埋め、コンクリート

ヨットでマーシャル諸島を訪れた時の船上からの写真
皮肉なことに父島を出て島影も見ず、
鳥すら飛んでこない14日間の航海で最初に見た陸地でした

で蓋をしただけのものです。

実にお粗末なもので、実際、いまではひび割れも起きています。

その中に投棄されている放射性物質のプルトニウムなどは、その半減期だけで２万4000年も先なのです！（下図参照）

放射能が海に漏れ出しているのではないか？　ということも懸念され、気候変動による海面上昇により沈みゆく運命にある太平洋の孤島で、このドームもいずれ水中に没する運命にあります。

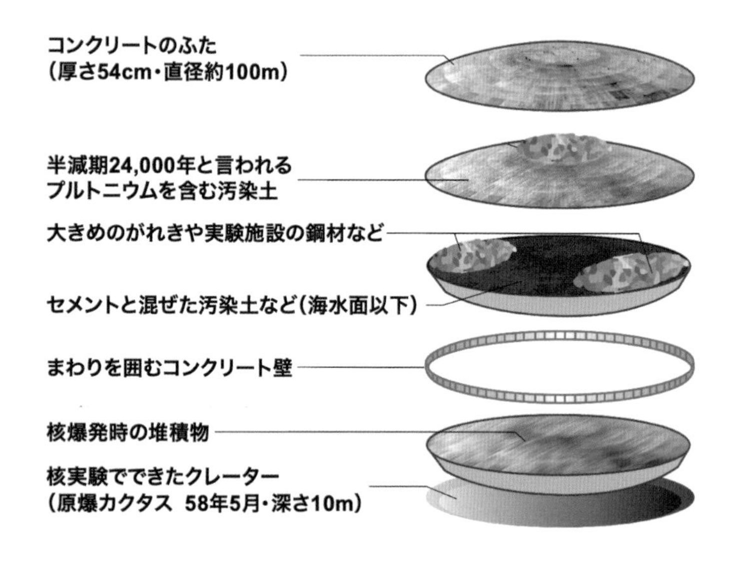

ルニットドームの構造

たまたま、マーシャル諸島の首都マジュロ滞在中に、アメリカのコロンビア大学が船をチャーターしてこの周辺海域の汚染調査を行っている場に出会いました。

後の発表によると、なんと、核実験から60年以上が経過しているにもかかわらず、実験が行われたマーシャル諸島の４環礁の放射線量が、今でも警告レベルにあり、一部地域で観測された値は、放射線漏れが発生したチェルノブイリや福島の原子力発電所の周辺で観測された値の10倍から1000倍以上であるということで、その内容に驚きました。

戦争と環境破壊について考えるとき、そこには深い関連性があり、別の問題とはいえない事実が存在するということは明らかだと思うのです。

＊３　三宅泰雄『死の灰と闘う科学者』（岩波新書、1972年）

ビキニ環礁の旗
水爆ブラボーの実験場になったビキニ環礁の州旗
左の星の数は環礁内にある島の数、
右の３つの星は原水爆実験で地球上から消えてしまった島の数、
そしてその下の星はいまだ避難している２つの島の数です
（首都マジュロにあるビキニ環礁の庁舎にて　左はビキニ州知事）

海で
なにを伝えるのか？

いまここで伝えなければ、永遠にチャンスを逃すことになる。
人を連れて海に入るときは、いつもそんな気持ちで挑んでいます。

陸の上で海で起きていることを伝えようとしてみても、どれだけリアリティーがあるのでしょうか？
ですから、まずは海に来てもらい海の素晴らしさ、海の楽しさを伝えたい、また来たくなるような体験をさせたい、いつもそう思っています。
これまで随分多くの人を海で育て、海のとりこにしてきました。

グアム島（2006年）

しかし、それだけでは真実を伝えていることにはなりません。

「海は無限である」という幻想が数多くの惨状を生み出しています。

太平洋のど真ん中で放射能が漏れだしている、地球上からサンゴが消えてしまうなど、楽しい話とはけっしていえないかもしれませんが、だれかが伝えないといつ、だれが、どこで伝えるのでしょうか？

そう思うと黙っているわけにはいかなくなってしまったのです。

❼ 気候変動で終わらない戦後

日本全国に埋められた枯葉剤・ダイオキシンの恐怖

ベトナム戦争でアメリカ軍が散布して多くの被害を生んだ「枯葉剤」。その原料の「2,4,5-T」は、「最も毒性の強い人工物」ともいわれる猛毒のダイオキシンを含む化学物質です。これが全国15道県42市町村の山中に埋められているということを知っている人はけっして多くはないのではと思います。

「枯葉剤」は米軍の爆撃機によって1961年からベトナム中に散布され、10年もの間使われ続けました。

ベトナム側の甚大な被害はいうまでもなく、その扱いなどに関与した米軍兵士にも深刻な被害を与えています。そして、この「2,4,5-T」

ベトナム戦争での枯葉剤散布

は、今も日本各地に暗い影を落としているのです。

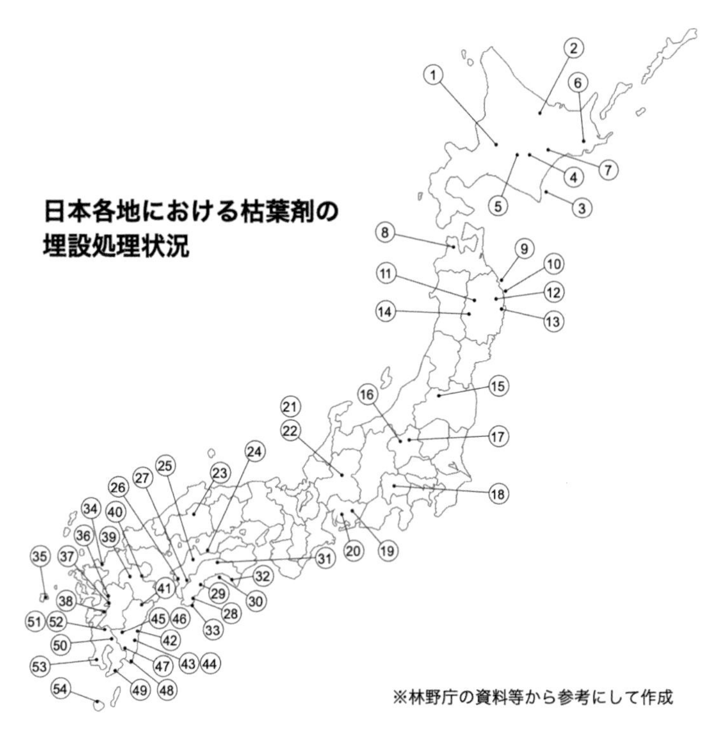
日本各地における枯葉剤の
埋設処理状況
※林野庁の資料等から参考にして作成

図　全国の枯葉剤の埋設地

あまった枯葉剤？

枯葉剤は、もともと日本でも製造され、米軍に転用されていたことがわかっています。ところが、この「枯葉剤作戦」は時が経つにつれて人への毒性が予想をはるかに超える被害となって現れ、その残虐性に対しての非難が高まり散布した当事者である米国内では使用中止になりました。

日本国内では、米軍への供給以外にも農業や林業などで除草剤として使われていたのですが、このことで国内での在庫がだぶつき始めました。
そして、米国で使用中止になった猛毒の「2,4,5-T」は、やがて国内で除草作業などに従事している労働者たちにも深刻な健康被害をもたらすことになり、国内でもやっと中止の決定が下されたのでした。
そこで林野庁の指導のもと、「できるだけ人里離れた場所へ（？）」ということになり、全国の国有林の敷地内に埋設されたのですが、恐ろしいことにその埋設方法や作業などがずさんだったことも最近の調査で解ってきました。

兵器としての農薬製造

さて、そもそもこれらの農薬は農業のためのものではなく、第２次世界大戦末期に科学兵器開発の過程で発見されたものです。
これはレイチェル・カーソンの『沈黙の春』でも語られている真実です。
しかし、兵器として製造された後、優れた農薬として市場を制覇し、今日までの農業の大量生産化に貢献してきたのですが、その"見返り"としての様々な毒性は周知のとおりです。
ほとんどの消費者はそのことに目をつぶって除草剤や農薬を使用してきたのでしょうか？
それとも、いまも知らずに使っているのでしょうか？

こんな話もあります。ベトナム戦争での「枯葉剤作戦」は、もともと先の大戦（第２次世界大戦）で日本が降伏する直前に、日本国内の稲作地帯に対して行われる計画だったそうです。この事実は後の米国公文書などからわかっています。
しかし、結果的に米国は「短期に日本にとどめを刺す」ために原爆の投下を選択したのです。[*1]

＊1　中村梧郎『母は枯葉剤を浴びた　ダイオキシンの傷あと』岩波現代文庫

除草剤の影響を受けた海

さて、ここで僕が実際に目撃した除草剤の影響を受けた海についてお話したいと思います。

あのきれいな芝生をつくるためにゴルフ場で使用される除草剤がどれだけ土中環境を壊滅させ、その行きつく先の海を汚染してしまうのでしょうか？

僕は伊豆半島にある某名門ゴルフ場の前に広がる海中でそれを目撃しました。

それは漁協からの依頼で、海藻が少なくなっていて、魚もまったく獲れない海域があり、それが沖の深場に設置した人工漁礁に影響を与えないだろうか？　ということを潜水調査してほしいというものでした。

潜ってみたところ、結果は思った通り、半島の先まで突き出るように広がるゴルフ場の前の海は死の海そのものでした。

海藻も、生物もいない海底に点在する岩だけがやたらと白く、それはまるで海の青と白い岩だけの「モノトーン（白黒）の海」でした。

この除草剤と同じものが普通に農業用として水田の草取りや、山林の下生え処理などにも使われているということを後で知り愕然としたものです。

海洋汚染は生活排水や工業汚染水などが主な原因というイメージがありますが、農業で使われるこのような除草剤や農薬、化学肥料などの固定使用が土から川へ上流から下流へ、そして最後には海へと流れ込んで海の環境を破壊しているので、結局、海が一番痛めつけられているのです。

気候変動で蘇るダイオキシン汚染の恐怖

日本全国に埋設された「兵器としての農薬」は、先の分布図にあるように九州や四国地方が約半分を占めています。

この10年でとくに激増した集中豪雨などによる土砂災害などが多い地方でもあります。ある地区では埋設地のほんの数百メートルの場所で豪雨による土砂崩れが発生しました。

また、林野庁の調査や記録では把握しきれていない場所もあり、「本当にこれだけか？」という懸念もあるようです。

当時の林野庁の指導では、「2,4,5-T」をコンクリートで固め、安全だと思われる地中に埋蔵するとされています。

しかし、コンクリートの耐用年数はせいぜい50年、なかには指導通り処理が行われず、段ボールに入ったまま埋められていたものも最近の再調査で発覚しています。これらが土中に浸透し地下水などに浸透した場合には、大変な被害に繋がる可能性もあるのです[*2]。

「環境と平和」を考えるとき、戦争の「負の遺産」は気候変動の激化とともに「亡霊」のように私たちの前に現れ続けるのでしょうか？

どうもそんな気がしてなりません……。

＊２　「枯葉剤原料の国有林埋蔵問題」（『前衛』2022年６月号）

戦争は地球上の砂浜の消滅を加速させる

21世紀には日本の６割の砂浜が消失するという深刻な問題があります。こんな話をするとほとんどの人がぽか～んとしてしまいます。

実は国内だけでなく、地球レベルで砂浜が消失し、さらには建築資材などに必要な砂そのものも不足しているのです。

パラオ共和国ペリリュー島「ブラディー（血まみれ）ビーチ」(2017年)
大戦中、米軍の上陸地で海も浜も血で染まりました
いまではペットボトルなどのゴミで溢れ、
浸食が進み砂浜は消失しかけています

その要因の一つとして戦争行為が大きく加担しており、戦後でもその影響はさらに加速するということを知っている必要があると思います。

21 世紀には６割喪失

気候変動の影響で極地やグリーンランドなどの氷が融け、水かさが増し、おまけに海水温の上昇もあり海水は膨張します。これが海面上昇とともに海岸浸食が進む原因の一つであるといわれています。

また、土砂災害防止のための砂防ダムをはじめ、発電や飲料水供給のためのダム建設などで河川からの砂の供給が少なくなったことや、消波ブロックなどの設置で土砂の供給が減り砂浜が後退するなど、ほかにも様々な原因が考えられます。

このような状況はけっして最近のことではなく、たとえば瀬戸内海では 1960年代に海砂採取が盛んになり、そのために水深が変わるというような影響から漁獲量の減少などが起こりはじめ、2005年には砂の採取が禁止になったという経緯があります。

また、千葉県九十九里浜では砂浜の後退が著しく、最大で 100m もの後退が見られる浜もあり、ここ 20年で 30件以上の海の家が閉鎖しました。

さらには地盤沈下が顕著になり、南九十九里浜では、ほぼ全域で地盤沈下が進んでいます。

そして、湘南海岸では、写真の鎌倉市稲村ケ崎を始め、全体的な浜の後退が著しく、場所によっては数十メートルもの後退が見られます。

海砂の採取で地球が壊れる

しかし、地球レベルで砂浜が激しく減少しているとなると、なおさらイメージが持ちにくいのではないでしょうか？

砂浜の消失の最も強烈な原因は、建材としてコンクリートなどのために海砂の採取が地球を壊してしまうほどの勢いで進んでいるという事実なのです。

1950年代湘南海岸稲村ケ崎の砂浜
「野球ができるほど広かった」とのこと
この辺一帯の浜は、平均十数メートルも後退をしていることがわかっています
（一社）日本環境保全協会提供

2022年撮影
10数年前までは「海の家」もありましたが、浜がなくなり廃業しました

コンクリートの70%は砂でできています。
つまり、世界中の家屋・高層ビル・道路などあらゆる建築物の原料になっているのです。ですから私たちが、普通に生活をしたり、職場で働いたりしていることは、「砂で囲まれて暮らしている」といっても間違いではないでしょう。
また、パソコンなどに入っている多くの半導体の原料が、砂の石英からできているということもほとんどの人は知りません。
こうなると、フーテンの寅さんがいう「結構毛だらけ、ネコ灰だらけ……」に続き、「私の周りは砂だらけ！」となってしまうのではないか？　という笑えない現実があるのです。

2022年4月に国連は「人口増加と都市化の進展で人類は深刻な砂不足の危機に直面している」という緊迫した内容の警告を出しました。
つまり、砂はガラスやコンクリートなどの建築に利用される天然資源であり、たとえば中国の建築ラッシュで2011～13年の間に使用されたセメントの量は米国の20世紀全体の使用量を上回ったといわれています。

また、未来都市のような高層ビルが立ち並ぶアラブ首長国連邦のドバイでは、都市建設のために膨大な砂が供給されました。
これらはほんの一例ですが、海砂の採取は、東南アジアを中心に砂浜が消失してしまうほど激しく行われ、強烈な環境破壊であることはもちろん、漁村や沿岸部に住む人々の生活環境を著しく侵害しています。
砂の採取、取引などに関する国際条約が存在しないため、砂という有限な資源の争奪戦が世界中で勃発しているという、信じられないような現実があるのです。

砂浜は山と川と海とが出会う場所

「海を知りたいなら、山を見よ！」。これは僕自身が長い間、海で生きてきたなかでの教訓の一つです。

日本の多くの沿岸域では、山や森からの浸透水が、海底湧水となり浅海域の生態系を育んでいます。つまり、すべてがつながっている「連環」なのです！

しかし、里山のような二次的自然の荒廃に加え、砂浜が減少していくことは、海浜の基礎生産力を著しく低下させ、海そのものの命を絶つといっても過言ではありません。

もちろん、始まりの山が荒廃していくと河川の生態系も破壊されていき、生物多様性が低下していくというように、すべてが繋がっているのです。

ですから、サンゴの移植や藻場の再生事業など、海だけでの再生事業は、それなりには意義があるとしても、僕にはどうしても対処

上関原発建設予定地の前にある田ノ浦湾での海底取水調査（2011年２月撮影）
良質な真水が海底から湧き出ていることが証明されました

的なものに思えてしょうがないのです。

森里海が「連環」しているという視座と森から海までのすべての環境の統合的管理が優先的に行われるべきだと思うのです。

そして、砂浜は山と川と海が出会う大切な場所、「砂浜を守れ！」という声をあげ続けることが必要なのです。

地球の限界

このように多くの人々が想像すらしなかった「砂」を取り巻く地球規模での環境破壊にひょっとして、「もう地球は、限界を超えているのではないだろうか？」という思いが強くなる一方です。

2022年が明けて間もなくロシアによるウクライナへの侵攻で、凄まじい都市破壊が行われ、がれきになった都市の風景を連日の報道で目にします。

当然、その後の都市復興のためのインフラ整備や建設工事のために再び膨大な量の砂が必要になることが想像できます。

つまり戦闘行為が終わっても、復興という名のもとで地球を壊し続ける行為がまだまだ続くということなのです。

そして、辺野古の基地建設では軟弱地盤の存在が発覚したこともあり、沖縄県内で使う工事用砂の２〜３年分に相当する砂が必要になっています。

しかし、日本各地で海砂採取禁止や制限が行われているために、戦没者の遺骨が多く含まれている、激戦地だった沖縄島南部から埋め立て用土砂を採取する計画すらあるのです。

多くの人の命を奪う戦争は、同時に地球そのものを破滅に導くということを忘れてはならないと思います。

終わらない戦後 ── 戦争マラリア

終戦の日だといわれる1945年８月15日は、沖縄では本当の終戦ではありませんでした……。

八重山諸島に駐留していた日本軍は、住民が米軍の捕虜になり「スパイ」として日本軍の情報を漏らすのを防ぐため、一般住民たちに対し「米軍上陸」を口実に山間部のジャングル地帯への「移住」を命令したのです。

しかし、そこはマラリアの有病地として、昔から住民たちに恐れられてきた場所でした。感染は、一気に拡大！

大人も子どもも「寒いよ、寒いよ」といいながら次々と死んでい

6月23日沖縄慰霊の日 石垣島バンナ公園にて
慰霊祭が始まる前の早朝に「八重山戦争マラリア慰霊」が行われます
主催は「いのちと暮らしを守るオバーたちの会」
オバーたちと歌い、祈り、そして志を共有した！

く、骨の髄まで寒気がして、もがき苦しむ病は終戦後の 12月まで続きました。

これが「もうひとつの沖縄戦」といわれるもので、戦争は８月15日に終わってはいなかったのです。

コロナ禍との二重写し

八重山の中でも波照間島の住民は西表島に移住させられて、なんと住民 1590人のうち、1587人がマラリアに感染し、477人が死亡、八重山全体で 3600人が亡くなりました。

石垣島の「命とくらしを守るオバーの会」のオバーの話では、避難先の狭い場所に押し込められて、感染がどんどん広がっているなかで、住民が暮らす壕よりも安全な壕の中には、天皇の写真だけが安置されていたとのことです。

強制移住は、けっして米軍から住民を守るためのものではありませんでした。

「軍民一体」という名のもと軍隊は住民を基地建設や食料調達のための働き手として確保する必要があったのと同時に、いざ米軍の捕虜になった際には機密漏洩やスパイになってしまうという恐れから山間部に強制移住させ、完全管理下に置いたということが様々な証言や資料などからもわかっています。

さらに、日本軍はマラリア特効薬「キニーネ」を所持していながら、けっして住民にそれを与えることはありませんでした。

僕はこのような話を聞き、コロナ禍と戦争マラリアが二重写しになってしょうがありません。

2020年、人の命と健康に関わる重大な局面のなか、あの情けないほど「ちんけなマスク」を２枚配り「コロナ禍」を不祥事隠しとばかりに体調不良を口実に姿を隠した当時の首相。
自助・自己責任などと責任逃れを連発した後継首相。
災禍のもと国会の開催すらしなかった「偽政者」たちの姿。

うかうかしていたら子どもたちの命ですら奪われかねない……情けないが、これは先の大戦の悲劇からなにも学んでいない現実だと思うのです。
そしてこの姿こそ、当時沖縄で行われた軍隊の数々の蛮行と重なってみえるのです。

沖縄の教訓「軍隊は住民を守らない！」

南西諸島が軍事拡大化されている状況に僕は寒気を憶えます。
いま、石垣島の港にはおそらく日本で最も多くの数の巡視船が配置されています。
これはまるで軍港のようで、ヨット Velvet Moon 号の係留地で

ある横須賀にある軍港にも劣らぬほどの様相を見せているのです。
　こんな小さな島で、しかも目の前には日本最大のサンゴ礁「石西礁湖」の海が広がっています。
　巡視船からの汚染物質はサンゴを痛めつけ、全国から集まった海上保安官の住宅ラッシュなどが海への負荷をさらに高めます。
　そして、南西諸島の自衛隊のミサイル基地化で、ここ石垣島駐屯地は500 ～ 600人もの規模で、隊舎や弾薬庫、訓練場などがつくられています。
　さながら「ゼネコンバブル」です。
　オバーたちは過去の経験から「軍隊はけっして住民を守らない」という強い教訓を持っています。
　そして、基地を置くということは、そこが攻撃されるということもよく知っています。再び沖縄を「捨て石にするな！」

　ばなーゆるさるぬ！（私は絶対に許さない！）

戦争は一度始めたら終わらない

「戦争を知らない世代」と言われる戦後生まれの自分。
　しかし、実体験はないにしろ、ありったけの想像心や映画その他の映像、そして本や写真集等で、それなりに「疑似体験」してきたと認識しています。
　自分の世代で知り得る戦争はベトナム戦争からであり二十歳を迎えた年その戦争は一応終結したものの、その傷跡は永遠に残ると言っても過言ではないと思います。

　枯葉剤の被害も、地球上から砂がなくなっている現状も、そして戦争マラリアもパンデミックもそれぞれが連環し合っていることは明らかなのです。

それらが気候危機と共に増幅され、またその姿を現しているとはなんと皮肉な事でしょう。

「気候変動で終わらない戦後」いや言葉を変えれば「戦争は一度始めたら終わらない」ということを、私たちは身をもって知っているべきと思います。

辺野古の海のサンゴ礁
辺野古の基地建設工事で土砂が投入されて４年目の年、
基地建設地から一番離れた北側の海の造礁サンゴ群、その姿に一瞬安堵する
しかしその手前の海は破壊され続け、
この美しい姿はまるで死刑宣告を受けているようなものだ

死んだ息子の血を飲んでいる

ミクロネシア連邦のヤップ島で、家族で操る伝統的なミクロネシアカヌーに乗せてもらいました。

ここでは、日常的に子どもたちに操船の仕方、舵の取り方、帆の取り回し、そして海の読み方などの伝統的な航海術を教えています。

子どもたちに将来の夢をたずねると、彼らは目を輝かせて「お父さんのように舟を操り、漁が上手くなること」だといいます。

少なくなった魚に不安を抱きつつも、自給自足の生活をおくる彼らの暮らしは、とても幸福そうに思えました。

ヤップ島（2016年）

同じ島の違う村ではとても悲しい話を聞きました。

息子が米軍に入隊し中東の戦地で命を落としたとのこと。

保険で現金が入ったのか父親は酒浸りになり、島の人は「死んだ息子の血を飲んでいるんだ」と話していました……。

さらには土地の実質的な買収で現金を手にする人との格差が生まれ「経済格差」「貧困」という、これまで存在すらしなかった言葉が生まれました。

❽
経済的徴兵

大学生からのメール

幼児のころから母親に連れられて、僕が主宰するNPO行事に参加していた大学生から突然メールが届きました。

昨年、せっかく大学に入学したのですが、長引くコロナ禍にあってオンライン授業だけの大学授業についていけず、留年が決まったとのこと。

もともと海に関連した仕事がしたいと大学に行ったそうなのですが、これ以上親に迷惑をかけたくない、大学をやめ自立して親への恩を返したい、そして自衛隊に入ることでそれを成し遂げたいというものでした。

読みながら身につまされる思いでした。そして同じような境遇でこのような道を選ぶ若者たちが増えてきていることも耳にしていました。

たとえば経済格差が広がるなか、いまでは２人に１人の大学生が「奨学金」という名の債務を背負っています（日本学生支援機構JASSOからの貸与型奨学金）。

一方、奨学金を安定して返済できる就職口は減少、「ブラック企業」も広がっている現実のなか、返済に追われた彼らはますます劣悪な労働に駆り立てられているのです。

自給自足の略奪と経済的徴兵

僕には、太平洋の島々の若者たちの姿にも同じような状況が見えます。気候変動による海洋生物の動態の変化や減少に加え、経済先進国による大型漁船による乱獲などが原因の資源の枯渇。

サンゴとともに、そこに共生していた魚がいなくなっているのです。これらは島に暮らす人たちの大事なたんぱく源と自給自足の生活を奪うほどの勢いであるということをこの目で見てきました。

昔ながらの生活から魚に代わる食べ物を得るための「現金が必要な生活」に変化させられているのです。

著名な海洋学者シルビア・アール博士は
「人間はこの50年間で、9割もの魚を食べ尽くした」と述べています
つまり漁業の産業化が始まった1950年以降、
資源基盤は10%足らずにまで急減したのです
そのうち海は空っぽになってしまう……

しかし、太平洋の島々で素朴に暮らす彼らに現金を得る術はありません。そこに米国の軍隊の魔の手が差し迫っているのです。

これはまさに若者たちへの「経済的徴兵制」といえるのでないでしょうか。そしてこの状況は、メールを送ってきたあの大学生の悲痛な思いと重なって見えるのです。

ヨットで訪れたマーシャル諸島アイルック島
精一杯もてなしてくれた料理の中にはほとんどタンパク質（魚）が見られない
目の前のサンゴ礁（リーフ）で獲れていた魚がほとんどいなくなってしまい、
食糧事情は悪くなる一方です

槍の先端

グアム国際空港には、日本人観光客がほとんど知ることのない広いラウンジがあります。壁いっぱいに並べられた戦死者の写真の多くは10～20代の若者です。

常に戦争を行っているアメリカの軍隊に、ミクロネシアの若者たちが駆り出され多くの戦死者が出はじめたのは、あの湾岸戦争のあたりからだといわれています。湾岸戦争当時、仕事で僕はグアム島を頻繁に訪れていました。

あの当時は、島全体が悲しみと恐怖に包まれ、まるで暗く沈んでいるかのように感じられました。地元の新聞でミクロネシア出身の若者が戦死した記事を目にしたこともあります。

それから数年後、グアムのこのラウンジから、壁いっぱいに飾られたすべての写真が取り外されていました。

並びきれなくなった多くの戦死者の写真は、いつの間にか壁の片隅の一台のデジタル画面に収められていたのです。

5秒ごとに替わる画面の中には幾人もの女性兵士の写真もありました。

壁いっぱいの写真が飾られていたころから、このまま死者が増えていくのだろうから、そのうち壁のスペースが足りなくなってしまうのではないか……？　という嫌な予感がしていました。

相変わらずこのラウンジで人を見かけることは、ほとんどありません。

ですから、この変化に驚く人もそう多くはないのかもしれません。

彼らの親族や友人、関係者以外には……。

一台のデジタル画面に収められた戦死者の写真はいったい何枚になるのでしょうか？

大きな写真で一枚一枚飾られていたものが、こんなちっぽけな画面に収められてしまっている驚きと悲しみ、そしてなんともいえない焦燥感、とても写真の数など数える気にはなりません。

米国防省にとって、グアムを含むミクロネシアの島々（国々）は、「リクルート天国」と呼ばれ、多くの若者が志願兵として入隊し、戦場に送り込まれています。

そして戦死する確率は、米本国出身兵の３倍にのぼります。

多くの兵士が戦場に送られるミクロネシアの島々は、アメリカの「槍の先端」と呼ばれているのです。

いったいなぜ彼らは軍隊に入るのでしょうか？

貧困から生まれる新しい徴兵制度

いまから30数年前、国内でダイビング会社を立ち上げてから数年後、私はダイビング市場が日本の数十倍も大きく、またその安全規準や器材などの技術が進んだ米国市場で学びたいという考えもあり、グアム島で長年運営していた米国法人の老舗ダイビング会社の企業買収を行いました。

その会社は「マリアナス・ダイバース」という1954年にできた会社で、現地法人としてはグアム最古の企業であったということです。

経営陣は一新したものの、米国人と現地の先住民であるチャモロ人の従業員たちの雇用をそのまま引き継ぎ、運営していました。

20人以上のスタッフたちには、米国の慣習どおり２週間ごとに給料を支払っていたのですが、その給与明細を見て、彼らが払う税金の高さに驚いたものでした。

あれだけの巨大な軍隊を持ち、常に戦争をし続けている国ですから、当然のことなのかもしれません。

さらに気の毒なのは、彼らには、日本の健康保険のような制度がありませんので、民間の保険会社の保険に任意加入するしかないのです。

その金額はけっして安いものではありません。

健康保険に加入していないので、病院には行けないという現地の先住民の人たちの話もずいぶん耳にしました。

若者の情報を持つ国防省

そのような状況のなか、軍のリクルーターたちは心得たもので、すでに中学高校に通う生徒たちのかなりの割合の個人情報を持っているといわれています。

卒業年になると、軍隊に入れば健康保険もあるし、食料品をはじめ買い物は基地内のスーパーで免税として安く買えるという特権や、一定の年数在籍した後の除隊の際には大学への進学やそれに伴う費用の補償も受けられるという話をし、巧みに入隊への勧誘を行っています。

ミクロネシアの島々に暮らす先住民の人たちが、健康保険などの福利厚生が整っていて、一定の収入を得るためには公務員になるか軍隊に入るしかないといわれているのです。

一般企業での雇用は時給による給与があるだけで、正規雇用や管理職などに彼らが就くことは容易なことではありません。

つくられる貧困

もともと各島々で素朴に暮らしていた人たちの暮らしを、現金を必要とする暮らしに変えていったのは、彼ら自身ではなく、それまで統治し続けてきた国々の経済構造にあります。

その経済構造のなかに組み込まれ、自給自足の生活が困難になっていくという生活様式の変容が起こり、そのなかで生まれたものが「経済格差」であり「貧困」ではないかと思うのです。

つまり、徴兵制度はなくなっても「貧困」がつくられ、軍隊に入り戦争に行かざるをえない状況がつくられ、そこから生まれたものはまさに新しい形の徴兵システムなのではないかと思うのです。

とうとうスタッフが戦場へ

ある日、とうとうスタッフの一人が志願して陸軍に入隊したという知らせが現地から入ってきました。

まだ18歳になったばかりのその青年は、私もよく知っているスタッフでした。

当然、間もなく中東のどこかの戦場に派遣されることになりましたが、幸い無事に戻れたようで、胸を撫でおろしました。

自分の会社のスタッフが戦争に行ったなどという経験は、後にも先にもこれが初めてのことでした。

つくられるイメージ

さて、彼らが抵抗なく入隊してしまう理由の極めつけは、島内す

生徒たちは制服のカッコ良さや好みで陸軍を選ぶか
空軍を選ぶかなどの選択をしているようです

まだ幼い顔をした高校生たち、思わずグアムから出兵し小さな子どもを残して
亡くなった女性兵士の記事を思い出し、胸が締め付けられる思いにかられます

べての公立高校、大学などにある軍隊クラブ（予備役といわれる制度）の存在です。

高校ではクラブ活動と同じように放課後、行進の練習やライフル銃を振り回して行われる儀仗兵の訓練などの軍事教育・訓練を行っていて、学内や学校周辺では隊列を組んでジョギングをする訓練中の学生の姿が見られます。
実際、彼らは毎年７月21日のグアム解放記念日（旧日本軍が敗退した日）に行われる大パレードを目指して日々訓練を行っているのです。

パレードを終えた空軍予備兵士隊の女子生徒たちに話を聞いてみたところ、彼女たちが口々に「空軍の制服が好き！」と言っていたのが印象的でした。
まさに太平洋の「槍の先端」で浸透した学校教育からの軍事化の役割は無視しえないのです。

遠い国でのことではない

こういった歴史は、太平洋戦争の開戦前後から日本軍によって本格的な軍事化が進められてきたことから始まります。
そして、日米の激戦を経て旧日本軍の施設や飛行場が米国によって拡張整備されてきました。この歴史的事実だけでも日本にも無縁なことではありません。

７月21日のグアム解放記念日では、必ず式典にて日本軍に「侵略」された屈辱の歴史が語られ、二度と侵略されることのないように、いかに愛国心と国防力（軍備）が大切かというスピーチと米軍への感謝の言葉が述べられます。
グアムの日本人会もこの式典に招かれ、僕自身も出席したことがあるのですが、なんとも複雑な思いで来賓席に座っていたことが忘れられません。

日本国内でも経済格差が広がり若年層の貧困が広がっています。

また、戦争ができる国づくりを加速させる憲法破壊の動きがいよいよ現実味を帯びてきました。

ミクロネシアの国々を訪れ、30年以上の年月に渡り深いかかわりを持ってきた経験と自分の目で目撃してきたことから、日本がこのように米国の「槍の先端」にならない保証はないのではないか……と懸念しています。

けっしてそうなってはならない、そのためには、あらゆる市民運動との連帯が必要だと感じています。
環境運動でも平和運動であってもそこに隔たりはないと思うのです。
「気候正義」という概念をもう一度考える時、地球の気候を変えてしまうほどの人間の経済活動のなかに「戦争」というものを組み入れて考えなければならないのではないかと強く感じます。

なぜなら、太平洋に散りばめられた美しい島々の自然が「大国のエゴ」によって破壊されてきたと同時に、血で汚された歴史でもあるからです。
経済のためには、常に犠牲になるものの存在が必要であり続けるのです。

そして、「経済大国」といわれていた日本は、いつの間にか国民の所得が下がり、OECD 加盟の平均を下回り、加盟国 35か国中 22位となりました。
このような状況の中、防衛費を倍増させるというのは、狂気の沙汰！
経済的徴兵の現実は、遠い国のことではなくなっているのです。

見ようとしないと見えないもの

この写真は、大学で総合演習を担当していた頃の伊豆の海でのスノーケリングフィールド授業風景。

生徒は目の前に泳ぐアオリイカを見ているようですが、実は認識していません。なぜなら、海の中で泳ぐイカの姿を見たことがないので、まったくイメージがなく「見ているようで、見えていない」のです。

一度水面に顔をあげ、説明して初めて観察することができます。

水中世界はとくにそうですが、海に限らず陸でも、社会のなかでも見ようとしないと見えてこないものにあふれています。

東伊豆・富戸海岸（2005年）

だからこそ、見えるように気づきを与えるのが大人の仕事なのです。

1990年代に入り、国内ではバブル経済がはじけ「失われた30年」が始まろうという時期でした。

リストラの嵐が吹き荒れ、学生へもその影が差し始めていました。

あれから30年……大学は企業の予備校のようになり、学生たちは借金を背負い、自由に学ぶ環境すら失われつつあります。

彼らの未来は、見ようとしても、ますます見えにくいものになってしまっています……。

⑨ 経済的徴兵はつくられていく

ウクライナ危機に乗じて防衛費拡大という、とんでもない「火事場泥棒」的な暴論が飛び交うようになりました。

けっして少なくない人々がそれに同調する傾向が強まるなか、安易に同調しているすべての親に問いたいと思います。

まず、防衛費倍増という意味は、当然兵士（自衛隊員）もそれに見合った数に増やさなければなりません。そのことが想像できていますか？

少子化が進む日本で自衛隊員になる子はだれかということを想定していますか？

まさか、「どうせ他人の子」だということを想定していませんよね？

自分の子や孫もそこに含まれていますか？……と。

PR代理会社が戦争を仕掛ける時代

「戦争か平和か？」この問いに対して、防衛費倍増に賛成の人も含めほとんどの人は「戦争は反対です！」といいます。

同時に「武器を持つということは戦争を呼ぶことだ」という単純な理屈、歴史がそれを証明してきた事実には興味を持ちません。

というよりも情報操作にまんまと洗脳されているのだと僕は思います。

いまや、戦争はPR会社（戦争広告代理店）が戦争の大義を伝えて世論を味方につける。そのため印象操作を含めなんでもやる時代なのです[*1]！

つまり、「日本もあのように侵略されたらどうするんだ？」というような言説、これははっきりいって「戦争プロパガンダ」にほかなりません。

・「敵の設定」をすることによって団結させる世論調整
・軍事最優先の日本の政権政党と兵器製造会社との癒着がつくり出す宣伝戦略
・人権の蔑視と人命軽視をうやむやにする「危機感」の誇張

このような蛮行が強力なナショナリズムをつくってきたことは歴史が証明しています。長い年月平和運動に関わってきた僕には子どもだましのような操作に見えるのですが、多くの人が「まんまと乗せられている」という状況が見えてしまうことが、残念でたまりません。

いままさに国内でも若者を戦場へ送る企みは始まっています。
それがミクロネシアの島々、国々から米軍に入隊し、そして多くの若者たちが他国の戦場で命を落としている現実と重なります。
僕は実際にこの目で見てきましたし、どんな悲劇が起きているのかを知っています。
いま、これと同じようなことが私たちの国でも起きているということを、親たちは知るべきではないかと思います。

＊1　高木徹『ドキュメント 戦争広告代理店　情報操作とボスニア紛争』講談社

子どもや孫の名前が兵士候補として売られている！

市町村による自衛隊への住基情報提供の問題について、どれだけの人が知っているのでしょうか？

少なくない市町村が自衛隊に18歳および22歳の住民の４情報（氏名・住所・生年月日・性別）を提供しているので、その市町村に住む高校生や大学生には卒業前に入隊案内のダイレクトメールが届くのです。

このような情報の提供は、明らかに違法ではないかと僕は思っています。個人情報保護法上、様々な問題をはらんでおり、「自己の情報を自衛隊に提供されたくない」という個人の権利保護の問題もあります。しかし、自治体と関連したこの動きはますます増え続け、いよいよ米国並みになっていくことが懸念されます[*2]。

海上自衛隊のリクルート活動（2018年父島で撮影）
海上自衛隊の軍用艦が伊豆七島新島・三宅島・父島などに寄港し
乗船会を開催しているのを Velvet Moon 号での航海中に、
２年間でなんと！三度も目撃しました

＊２ 「市区町村による自衛隊への住基情報提供の違法性について」（『住民と自治』2022年２月号）

経済的徴兵制の仕組み

若年層の貧困問題は加速しています。

たとえば大学生の奨学金の受給率ですが、今日本はいつの間にか半分の学生たちが受給しています（下表）。

大学生奨学金受給状況（令和２年度）

区分	割合 (%)
大学（昼間部）	49.6
短期大学（昼間部）	56.9
修士課程	49.5
博士課程	52.2

※日本学生支援機構資料 (2022年) より

これは、あのリーマンショック以来急激に増えていますが、僕自身も大学での環境総合演習を担当していたころに、バブル崩壊後あたりから経済的な事情で退学していく学生が増えだしたり運転免許を取る学生が急に減りはじめたことなどを目にしてきました。

国内での経済格差が広がるとともに、親の経済状況の影響をもろに受けている学生たちが増える一方です。

また、非正規雇用が圧倒的に増え、おまけにブラック企業の台頭で若者を取り巻く就労状況は厳しさを増し、自衛隊への入隊も「非正規より、正規雇用、ブラックよりまだまし！」となりかねません。

その状況は、志願者募集に苦労する自衛隊にとって好都合であり、市場開拓に以下のように拍車がかかります。

① 自衛隊内での特殊技能を公的資格にする
② 大学就学環境の整備（退職後の進学への給付金など）
③ 除隊後の有利な就職や退職金制度などなど

つまり、「経済的利点」を餌にして軍隊に誘導する政策が国、経済界とともに進められているのです。しかし、はっきりいって「これは命と引き換えなのだ！」ということを若者はどこまでイメージできるのでしょうか？

僕にメールをくれた大学生のケースは、留年してしまったので、これ以上親に迷惑をかけたくない……という思いつめた相談でした。

だから自衛隊に入り、自立して親孝行したいというのです。

伝えておくべきことを書かなくてはと思い返信をしましたが、その後の便りはありません。

そんな事情を抱えた一人の若者に、軍隊というものがどういうものなのか？　平和の尊さとは？　などをいまさら説いてたとしても、思いとどまらせることができるとは思えませんが、それでも必死に伝えました。結局、自分の非力さを知るだけの結果になったような気もします。

貴方は自分の子どもの血を飲むのですか？

ミクロネシアの小さな島で息子を米国の戦争で亡くし、酒に浸る親を安易に批判することなどできるはずがありません。

それどころか、その心中を察すれば、自分の胸を掻きむしるほどにつらく悲しい。

親は子どもより長く生きて来ているのですから、子どもよりはるかに物事の判断が冷静で客観的であるべきです。

しかし、社会と乖離した生き方をしてきた大人は、粗暴な若者よりもたちが悪い場合もあります。
「火事場泥棒」の片棒を担ぐPR会社に簡単に洗脳されるような無知な親であってはならないのです。

「ウクライナ危機」ではっきりしたことは、国民の総意とは関係なく、一人の独裁者が勝手に戦争を始めてしまったという事実です。
それは、たとえ国民が望んでいなくても、「閣議決定した」とばかりに身勝手な愚行を進めてしまう日本の政権政党や、強権的な首相の姿とまったく同じであるということを私たちは学ぶべきではないかと思います。
「ロシアのような国が攻めてきたらどうするんだ！」ではなく、あのような独裁者をつくり出すような国にしてはいけないということに思索を巡らせるべきなのです。

子どもの血を飲むような親にはなりたくない、そのために声をあげ続けなければなりません。
それが駅頭であろうが、国会前のデモであろうが、街頭での署名活動であろうが、そして、辺野古のゲート前でも僕は声をあげることをけっしてやめたくないと思うのです。

それが暴君への「不服従」の証でもあると信じています。

辺野古の旗

あの沖縄戦が終わったとき
山は焼け、里も焼け、豚も焼け、牛も焼け、馬も焼け、
陸のものは、すべて焼かれていた

食べるものと言えば
海からの恵みだったはず、
その海への恩がえしは、
海を壊すことではないはずだ

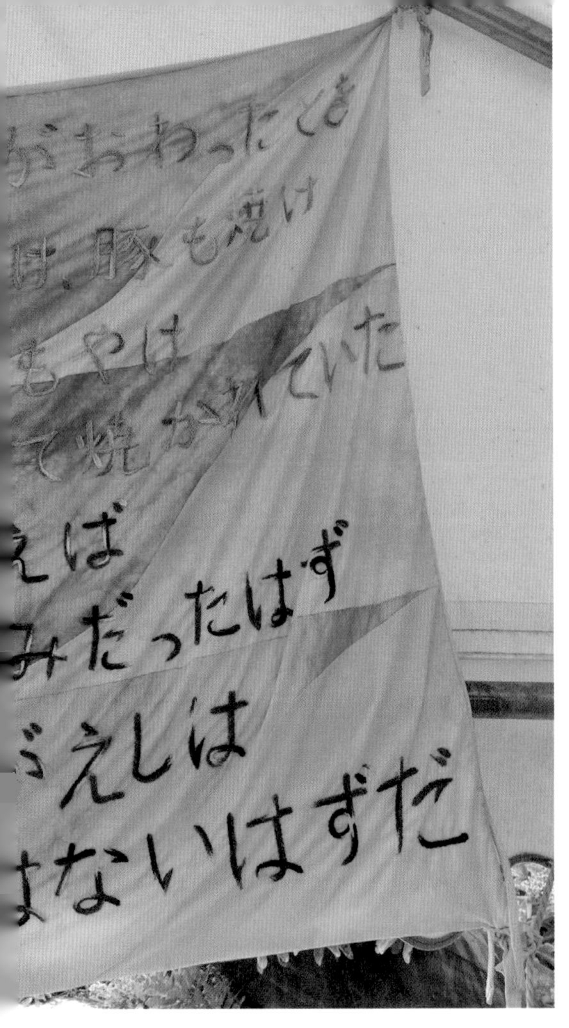

沖縄・辺野古（2010年）

辺野古の浜にある団結小屋で見た旗は、訪れるたびボロボロになり、いつのまにかなくなってしまいました。

しかし、この辺野古の旗に書かれた言葉はけっして忘れません。

⑩
辺野古からの伝言
「人間中心主義」から脱却せよ！

1億年続く「辺野古 大浦湾」の豊かな海

マングローブ、干潟、海草藻場、湾奥のユビエダハマサンゴ群集、日本で見られるクマノミ全6種が観察できるクマノミ城、岩礁域の塊状ハマサンゴ群集、アオサンゴ群集、沖の瀬のハマサンゴの丘と変化に富む辺野古・大浦湾の海中は、驚くほど生物多様性が高く、ジュゴンが餌を食べにくる海としても知られています。

アオサンゴの大群集は、長さ50m、幅30m、高さ12mという大きなもので、世界でも有数の規模であることが判明しています。

また、遺伝的に一つの種類であることが調査によりわかっており、1億年以上前からここにあったのではないか……といわれています。

そんな宝の海が、基地建設工事が進むにつれてどんどん破壊され続けています。

それでも湾の南西側基地建設地から一番離れた北側の海底には、まだ土砂流入の影響を受けていない見事な造礁サンゴ群が残っています。

しかし、やがて基地建設の影響が忍び寄ってくるその様は「死刑宣告を受けた」サンゴの姿に思えてしまうのです。

軍港ができ上がれば、一気に軍艦などの船舶からの汚染が広がりとどめを刺されてしまうでしょう。

こうやって人間は基地を作り軍隊を置き、実際の戦争が起きる前から地球を壊し続けてきたのです。

アオサンゴ群落として有名な石垣島白保のアオサンゴとは形が異なり、水深1～13mの斜面に円柱状の群体が無数に立ち並ぶ光景は圧巻です

イルカやクジラは守りたい、でもジュゴンはしょうがない……？

アメリカから新しく女性駐日大使が就任した年、大使の個人的な意見として、ツイッターなどでクジラやイルカ漁などに対して反対を表明しました。

動物保護という観点で見れば、辺野古も希少な海の生き物たちが追いやられ、もしくは絶滅の危機に瀕しています。

ましてはクジラやイルカと同じ鯨類に属するジュゴンの里とし

て、平和運動とともに海を守りたいという声も全国規模で広がっているのです。

そこで、絶滅危惧種であるジュゴンが来る辺野古の海の基地建設について、あるジャーナリストが女性駐日大使に質問しました。

しかし、大使からの答えは「ノーコメント」。

これは残念なことではありますが、当然といえば当然の答えといえます。

軍事最優先の国アメリカの大使がそのようなことに言及するはずがないのです。

辺野古の北側、大浦湾の生物多様性にあふれた海（2022年 11月撮影）
しかし、やがて基地建設によって朽ち果ててしまうかもしれません

軍用イルカ（Military dolphin）

米海軍はイルカやアシカなど、水族館で芸達者にさせられている彼らを兵器として保有しています。

主な「任務」はダイバーの救助、水中に設置された機雷の探知などで、1990年代の湾岸戦争2003年のイラク戦争では実戦で使用されました（爆弾を装着させられ自爆攻撃にも使われているという噂もありますが、証拠はありません）。

そして、大使が強く反対を表明したイルカ漁で知られる日本の和歌山県太地町から1989年に、２頭のハナゴンドウがアメリカ海軍に買い付けられたことが報道されたこともあり、このイルカはハワイのアメリカ海軍基地へ送られたといわれています[＊1]。

これは日本で行われている「クジラ・イルカ漁」は残酷だけど、戦争のためならやむをえないという「人間中心主義」の象徴である一つの逸話だと思います。

＊1　中村庸夫『イルカウォッチング』平凡社

米国退役軍人らがつくる反戦グループがつくった辺野古の看板

軍用動物・食べられてしまったラクダ

太平洋戦争時には、動物園のライオンやトラ、ゾウなどが殺処分された話は知られていますが、各家庭で飼われていたイヌやネコまで"供出"させられた話はあまり知られていないように思います。

ある人の証言では、子どものときの記憶として地域の町内会長が自宅に来て供出を求められた際に、父親に「北の国の兵隊さんの防寒着になるんだよ」と諭されたそうです。

当時戦況の悪化から兵士の動員が増え、旧満州（中国東北部）や樺太などへ送る防寒着として野犬、ペットの犬や猫も対象になって殺処分されたのです。

最初に「野畜犬毛皮供出促進運動」が起きた北海道では、犬の毛皮が約２万枚、猫の毛皮が約５万5000枚供出され、神奈川でも犬１万7000匹が犠牲になりました[*2]。

当時、食料さえも不足するなかでペットを飼っていることは、贅沢で非国民な行為だと、町内会などで相互監視するなど全体主義（ファシズム）によって全国一斉行動の勢いで動物たちも犠牲になっていったのです。

人間中心主義の象徴、それが戦争なのです！

人間だけでなく、動物も犠牲になる戦争の悲惨さは語りつくせません。

当時の子どもたちにとって家族同然に暮らしていたはずの犬や猫たちが供出された経験は、きっと心に深い傷を残した経験でもあったと思うのです。

これは直接聞いた話ですが、伊豆大島の三原山の砂漠には、昭和の初期に観光用に連れてきたラクダがいたのですが、これを一目見てみたいと戦後に訪れたところ「駐屯していた兵隊が食べてしまった」といわれ、見ることができず、がっくりして帰ってきたという笑えない話もあります。

＊2　西田秀子「犬、猫の毛皮供出献納運動の実施と結果」(『アジア太平洋戦争下 犬、猫の毛皮供出献納運動の経緯と実態　史実と科学鑑定』)

さらなる社会連帯

「Hate Kill」(殺すのは嫌) という理由からベジタリアンやビーガンになる人が増えています (これについても最初の拙著に「僕がベジタリアンになった理由」という話を書いていますが、当時はほとんど反応がありませんでした……)。また、「アニマルライツ (動物の権利)・アニマルウェルフェア (動物の福祉)」いう考え方や世界規模で工業型畜産への批判も高まってきています。

生物多様性が激しく失われ続けているという危機的な状況のなかで、あらためて生物多様性とはそのなかに当然人間も含まれ、なにひとつだれひとり命あるものに「いなくなってもいい」というものはないという認識が必要です。もちろん、それを一瞬にしてしかも意図的に破壊し、殺戮するのは戦争をはじめすべての軍事行動であるのです。しかし、巨大になる一方の軍事行動と軍事産業に対抗しようと声をあげたところで、とても歯が立ちません。だからこそ平和運動、環境運動、気候危機に立ち向かう運動、動物保護、動物の福祉などなど「人間中心主義であってはならない！」という共通の志を持つ全ての人々との社会連帯が必要なのです。

「ワンヘルス（One Health）」とは、人、動物、環境は相互に密接な関係があり、
それらを総合的によい状態にすることが真の健康である、という概念です
グローバル化が加速し、世界的な人口増加のなか、
環境・食糧・感染症といった「人間中心主義への警告」という
人類共通の課題がクローズアップされています

辺野古の旗よ永遠に

軍事行動はあらゆる環境破壊と地球規模での気候崩壊を加速させるということを、自分の目で見てきたことを基本に、いくつかの例をあげて報告しました。

しかし、実際にはとても書ききれないほどの事例にあふれているのが現実です。

辺野古の例にあるような基地建設の段階から環境破壊が行われるという意味を、より広い文脈で考えれば「基地が存在しているということ自体が破壊と汚染の繰り返し」という事実を可視化することにもなります。

たとえば、日本各地の米軍基地のある地域で、PFAS[*3]（ピーファス）をはじめとする化学物質による汚染が、水源や水道水から高濃度に検出される問題が発生していますが、これらはいま発生したわけではなく「発覚」したものであり、軍隊というものは常に隠蔽し続けるものである、という一つの象徴的な事件だといえます。

1990年代に100年以上も続いた米軍基地にNOを突き付けたフィリピンは、米比軍事基地協定を否定し、世界最大級の規模を持つスービック米海軍基地をはじめ、全土から米軍基地を撤退させました。

その後の経済発展や新しい雇用の拡大などは基地時代とは比べようがないほど進んでいます。

しかし、基地が残した有毒な化学物質や米軍が残した廃棄物などからの人々への健康被害はいまも深刻です。

また、それらの土壌汚染が河川から海へと拡大しています。

つまり基地がなくなっても、跡地からの汚染は残り続けるのです。

多くの免除や例外のある軍隊は、「やりたい放題に慣れてしまっている」といっても過言ではありません。

そして、真実は一つ、「軍隊は国を守らず、人の命も守らない」ということではないでしょうか？

辺野古の団結小屋に掲げられていたあの旗は、潮風にさらされボロボロになって、いまはなくなってしまいました。

しかし、あの旗に書かれていた言葉は永遠です。

それは「人間中心主義」への戒めであり、その究極である戦争を止めない限り「気候危機」も「平和の危機」もいっぺんにやってくるという警告でもあるように思うのです。

＊３　PFAS（ピーファス）:「有機フッ素化合物」の総称で、分解されにくいためフォーエバーケミカルと呼ばれ、摂取すると体内に長期間残留し、発がん性や免疫力の低下など人体への悪影響が確認されています。

風を
つかまえよう！

太平洋探査船 Velvet Moon 号は 57フィートの大型ヨット！

これまでの航海距離が、地球２周ほどにもなる百戦錬磨の帆船です。

なぜこのような大掛かりなヨットでなければいけなかったのか？

その理由の一つは、子どもたちに安全に乗船体験をしてもらうため。

鉄の船を風だけで走らせるには、特大の帆（セール）が必要です。

だから、大人も子どもも一緒になって声を合わせ掛け声とともに帆を上げます。

東京湾（2022年）

掛け声が揃い、力が一点に集中しないと、びくともしないのです。

何度も練習し、声が共鳴し合うと、ようやく帆が上がり始めます。

僕がこの体験乗船会で一番体感してほしいことは、人が力を合わせて働かないと船は動かない、「そのためには例え子どもであっても役割はある」という体験なのです。

高さ 25m もあるマストのトップまで帆が上がり、船が静かに走り出す瞬間、不思議なことに世代を超えて一つになった歓声が上がります。

僕は「待ってました」とばかりに叫ぶ、“風をつかまえたぞ～！”と。

⑪
自分で社会を変えられる？

主権者教育の排除

日本の若者意識調査によると「自分で国や社会を変えられると思う」と答えた人は５人に１人、他の途上国、欧米先進国のいずれと比べても数字の低さが際立つ調査結果となっています[*1]。

2018年にスウェーデンの高校生（当時）環境活動家グレタ・トゥーンベリーさんが、たった一人で、気候変動について訴えるために国会前で学校ストライキを始めました。

それをきっかけに世界中の若者たちが「気候正義」を声にして立ち上がり、大きなうねりになっています。

日本でもFFF（フライデーズ・フォー・フューチャー）の活動が全国的な広がりを見せてはいますが、EU諸国では数十万人規模のデモやストライキが起こっていることに比べると、その規模の違いに愕然としてしまいます。

若者の政治参加への無関心や低投票率などが、この状況を象徴しているように思えてなりません。

これはなぜだろうか？　と考えてみると、僕は日本の学校教育で「主権者教育の排除」をしてきた「つけ」ではないかと思うのです。

最近やっと声があがり始めてきた「ブラック校則」の問題などはその象徴で、「黙って上の人のいうことを聞きなさい」というようなもの。言葉を変えれば「良識ある公民たれ！」という風潮は、若者に限らずもっと上の世代にもあるのではないかと感じます。

＊1　民間調査機関　内閣府等の青少年に関する調査

子どもから若者まで世代を超えた連帯を

小中学校の総合学習で海の授業を担当するようになって、そろそろ30年程になります。

手探りで海の授業プログラムをつくり、試行錯誤するなかで、子どもたちとともに自分も成長できたのではないかと思っています。だから僕の場合には教育ではなく「共育」。

本当のことをいうと子どもに教えてもらったことの方が多いと感じています。

出前授業は、述べ70～80校ほどになり、最終的には大学の総合演習で13年、高校の海洋研究授業で12年の継続担当へとつながっていきました。

風をつかまえた！

この経験を通し、本職ではない分、客観的に教員たちと学校の様子を見ることができたのではないかと思っています。

当時のこのような活動は、ダイビング会社の経営業務の傍らで、主宰する環境NPOとしての活動の一環だったのですが、経営者としての目で見る学校運営の実態は、「もしこれが民間の企業だったら、とっくにつぶれているな……」と思うほど活力がなく、教員たちの仕事への創造性はおろか、激務で疲れ切っている姿が目につきました……。

日本の教員の労働時間は、過労死ラインをとっくに超えているという現実があります。

僕自身も精神疾患による休職者や生徒指導などでバーンアウト（燃え尽き症候群）した教員を何人も知っています。

当時からもうすでに日本の学校現場は「ブラック企業化」していたのです。

そんな学校という職場環境に対し、30年間で実感することは、国のいびつな方向性が直に反映する場であることに加えて、教職員組合の衰退、「学習する組織の解体」が大きな影響を与えているのではないかということです。

それは教員を単なるロボット化してしまうようにも思えます。

EU諸国に比べ30年も遅れているといわれる環境教育が、いまだに遅々として進まないというジレンマと、平和教育の風化が、学校の現実の中にあるという認識が必要ではないかと思うのです。

だから僕は、市民活動の基本に子どもたちへのアプローチが不可欠だと考えています。

それは、連帯というキーワードに子どもたちも含まれているということでもあります。

もちろん、それは「学校ではやらないのだから、地域社会で育てよう」という意味ではありません。

私たちは学校でいまなにが起きているのか？　について、もっと関心を持つ必要があると思います。

「気候危機」も「平和の危機」も学校教育から子どもたちとともに考えるものでなければ、とてもこの危機は乗り越えられないと思うのです。

子どもでも声をあげれば変えられる！の実践
ポスターづくりや、スーパーのご意見箱に意見を書く
小1の女の子、小5の兄と母親は環境活動家だ

なぜ学校教育から平和教育が風化しているのか？

子どもたちや、若者たちにとっては、憲法よりSDGsの方がなじんでいるという状況があるように思います。

若者向けのメディアのインタビューや、比較的若い世代や市民グループなどから依頼される講演会やイベントなどでは「いまSDGs

に取り組んでいるので、話の中で取り上げてほしい」というリクエストが多くあります。

そして、なにより学校教育や自治体の取り組みのなかでも SDGs の方が中心になりつつありますが、それはなぜでしょうか？

憲法は、小学6年生で習いますが、圧倒的多数の教員たちは、憲法の問題は「ふれにくい」といいます。

だから、さらっと説明するだけ……これは「ほとんどやっていない」に等しいのです。

さらに教科書の「平和を維持する」という項目には、自衛隊の写真が載っている……。

つまり平和を維持するのは憲法ではなく軍隊だということになっている……⁉

そもそも、なぜ、だれが、いつから日本の立派な憲法を「ふれにくい」問題にしてしまったのでしょうか？

それならSDGsを教えた方が、さしさわりがないんです……と本音で話してくれた教員も少なからずいるのです。

僕が子どものときの先生は憲法・平和のこととなると、はりきって話してくれたものでしたが、時代は変わってしまったのです……。

世界共通の課題 —— SDGs

一方、中高年層からの依頼での講演会や学習会などでは、参加者からのSDGsを否定するような見方が少なくないので、下手をすると若年層からの反発を受けかねない側面があります。

たしかにSDGsを否定する訳には、一理あると思います。

なぜなら、日本のSDGsへの理解度は貧弱で、とくに政府の施策の歪みたるや目も当てられません。

貧困・格差対策などは執拗に排除され、ジェンダー平等などには目もくれないという状況はその最たる例です。

企業の取り組みに関しても、SDGs を企業活動の免罪符としているようにしか見えないものが多く、「SDGs ウォッシュ[＊1]」にあふれているという状況があります。

SDGs は国境を越えた待ったなしの課題です。

同時に平和憲法改悪の危機は、平和の危機そのものですから、この２つの世界共通の課題を進めることなしに人類の未来はありません。

だからこそ SDGs の基本理念を深く理解し、継続させていかなければならないのです。

＊１　SDGs ウォッシュ（SDGs ウォッシング）：SDGs に取り組んでいるように見えて、実態がともなっていないビジネスのことを揶揄する言葉。

日本国憲法と SDGs の精神は同じ

日本国憲法のほぼすべての条文は、2015年に国連総会で採択された国際目標 SDGs の各項目と合致します。

どちらも前文を読むだけで、ともに「国民主権」「基本的人権の尊重」「平和主義」の３つの原則が基本になっていることが解ります。

言い換えれば、日本国憲法は、SDGs よりずっと前につくられて、世界に向けてアピールをし続けてきたのです。

しかし現実はどうでしょうか？

SDGs前文と憲法前文比較

SDGsの前文（抜粋）	日本国憲法の前文（抜粋）
このアジェンダは、人間、地球及び繁栄のための行動計画である。これはまた、より大きな自由における①普遍的な平和の強化を追求するものでもある。・・・ 我々は、②人類を貧困の恐怖及び欠乏の専制から解き放ち、地球を癒やし安全にすることを決意している。・・・ 我々は、世界を持続的かつ強靱（レジリエント）な道筋に移行させるために緊急に必要な、大胆かつ変革的な手段をとることに決意している。 ③我々はこの共同の旅路に乗り出すにあたり、誰一人取り残さないことを誓う。	日本国民は、①恒久の平和を念願し、人間相互の関係を支配する崇高な理想を深く自覚するのであつて、平和を愛する諸国民の公正と信義に信頼して、われらの安全と生存を保持しようと決意した。 われらは、②平和を維持し、専制と隷従、圧迫と偏狭を地上から永遠に除去しようと努めてゐる国際社会において、名誉ある地位を占めたいと思ふ。 われらは、③全世界の国民が、ひとしく恐怖と欠乏から免かれ、平和のうちに生存する権利を有することを確認する。

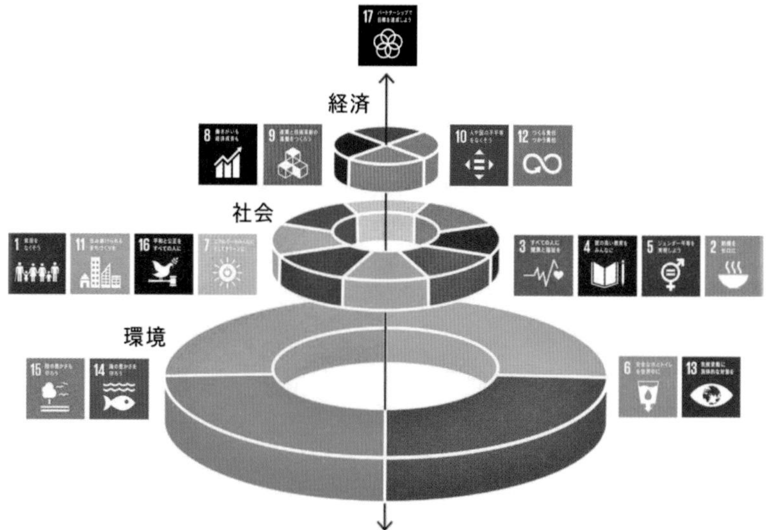

SDGsのウエディングケーキモデルは、私たちが生きていくために必要な生物圏の基盤（健全な地球環境）が整うことで社会が成り立ち、さらに経済が成り立っていることを示しており、世界のSDGs推進運動の規範となっていますが、日本では、この概念では経済が後回しになっているイメージだと経済界から反対意見が出ています

今や国際的に「環境がすべての根底にあり、その基盤上に持続可能な経済活動、社会活動が依存している」というSDGsの基本的な概念が認識されているにもかかわらず、日本では依然として「経済も環境も両方大事ですね」というトーン。

海外のビジネス界での常識には、とっくの昔から「環境と経済の両立」というフレーズはありません。

まさに日本は「井の中の蛙大海を知らず」であり、「恥ずかしながら」時代に逆行していると思います。

さらに昨今の憲法改悪の動きは、このような日本の状況を象徴しています。

圧倒的多数の人たちがプーチン大統領によるウクライナ侵攻を「これは時代が逆戻りしている」と批判しています。

しかし、もし日本が誇れる平和憲法を自ら変えてしまうことになれば、それは50年も100年も時代が逆戻りするような事態になりかねず、狂気にあふれた偽政者たちの蛮行にのせられ、自ら大切な財産を捨てるようなものです。

日本の平和憲法は、いまや「世界と地球を救うための最高法規」といえる人類の財産であることを、あらためて確認する必要があります。

世界の国々が手を組んで目指そうというSDGsの国際目標は、日本の平和憲法とともにあり、憲法９条は「戦争の放棄」のみならず国家予算が軍事目的に使われることなく、きちんと民生費や持続可能な開発のための予算に落とし込まれるというような、お金の流れや道筋をつくるものでもあるという認識が不可欠です。

また、気候危機が差し迫り待ったなしの状況であるいまこそ、その対策や再生エネルギーなどへの投資に国民の財産が振りあてられなければならないときであり、その仕組みを堅持するのも憲法９条なのです。

ですから、核廃絶平和運動を継続し続け「核兵器禁止条約」制定という輝かしい成果をあげてきた国民運動の先駆者である世代の人たちは、けっしてSDGsを否定してはなりません。
いまこそ若い世代に対し「SDGsと日本国憲法の基本理念は同じだよ！」と語りかけるべきだと思います。

そして、気候正義に立ち上がり、SDGs推進に情熱を持って取り組んでいる人たち、学校で憲法の授業はふれにくいと敬遠している教員の皆さんも、堂々とSDGs目標と日本の平和憲法の基本精神は人類共通の財産であるということを子どもたちに伝えてほしいと思います。
僕にとっての「世代を超えた連帯」とは、子どもたちも一緒になって進めていくということが絶対条件なのです。

風をつかまえよう！

Velvet Moon号には、春休みや夏休みになると、多くの親子連れが訪れ、みんなで帆を上げて、風だけで走るヨットの心地よさを体験するとともに、プランクトンを採取し、マイクロプラスチックや漂流ゴミなども調べています。

ヨットを係留している横須賀深浦港は、米軍と海上自衛隊基地のすぐ目と鼻の先にあり、港から出るときには小高い丘の中につくられた米軍弾薬庫のすぐ横の水路を通るので、船上からもその様子がよく見えます。乗船する人は、空母や潜水艦、駆逐艦などの物々しい光景を目の前で見ることで、私たちが住む神奈川県にこんな基地があるという現実に驚きます。

見えるものを説明するのが船長の義務ですから、基地があるということは戦争が起きたら、まずここが攻撃されるという危険性についても話すようにしています。

また、太平洋航海で見てきたことは、気候危機と平和の危機であり、多くの若者たちがアメリカの戦争に駆り出されて他国で命を落としているという現実や、目の前に見える米軍と日本の自衛隊が一緒に存在している姿は、将来太平洋の島々の若者たちと同じように、日本の若者たちが同じ運命をたどる可能性があるのだということもきちんと伝える責任があると考えています。

自衛艦、潜水艦などがすぐ目の前で見える軍港・横須賀

福島第一原発沖放射能取水調査（2022年８月）

風の吹く国の軍拡は２つの帰結をもたらします。

１つは、日本が戦争に巻き込まれたら、核攻撃なんかではなく、日本中にある原発にミサイルの１発でも打てばよい！

地政学的に見ても、冬は日本海側からの北風、夏は太平洋からの南風が吹き、そして上空には常に強い偏西風が吹いています。つまり原発を攻撃すれば、日本中が放射能拡散でなにもできない……。

２つ目は、「敵基地攻撃」ができるミサイルを保有すれば、相手の国はもっと強力なミサイルをつくり「いたちごっこ」は永遠に続くということ。子どもでもわかることです。

平和憲法に自衛隊を明記するという企みは、「米軍と一緒に海外で戦争ができるようにするということなのだ」ときちんと伝える義務があります。それが自分の見てきたことであり、いま船上から見えている現実だからです。

僕にとっては、風と波と星をたよりに航海する海の話も、平和の話もSDGsについての話も、すべてがつながっています。

学校では平和憲法の話もしづらい、政治的な話といわれるというのであれば、私たちが普段の生活の中で伝えていく必要があると思うのです。

そして、子どもたちや世代を超えた乗船者たちと一緒になって帆をあげながら叫びたいと思っています。

「平和に向かって吹く風をつかめ〜！」と。

どっちが船長？　2020年コロナ禍の年の夏休み

世界に誇れる国に

グアムでのナイトダイビング！　静寂と平和にあふれたひとときです。

しかし、ビーチに置いた車には、なにも残さないのはもちろん、ロックはせず、窓も全開……盗られるものがなにもないとしても車を壊されたくはないからです……。

仕事で海外渡航が多かった僕は、最も滞在期間が長かったグアムで、ごく普通にスーパーなどで腰に銃を差している住民と何度もすれ違った経験があります。

グアム島（2008年）

もちろん夜は独りでは歩きません。

海外生活の経験がある方は、つくづく日本は治安がいいということを実感していることと思います。

この国が、平和で治安のよい国なのは、平和憲法があるからだと思います。

そして、日本が「武器を放棄する」ことを誓ったその日から今日まで、何度も改憲の危機にさらされながらも、「争いごとを武力で解決しない」という世界に誇れる精神が根づいているからだと僕は思っています。

⑫「気候危機」も「平和の危機」も希望の種で解決できる

どうしたんだよ、ヘイヘイベイビー！

「若い人に平和の話をしても響かない……」。ずいぶん前からこんな声を聞くようになっていました。

しかし、どの世代に聞いても「戦争はいけない、平和が大切」だとみんながいいます。

ところが、とくに「ウクライナ危機」が始まってからは、「外交」ということより「先制攻撃」という言葉がメディアなどを支配するようになり、平和に対しての思考停止が加速してしまっているように思います。

高価な武器と軍備増強、「どこからそんな金が出てくるんだ！」と叫んでみても、圧倒的多数の人たちは「いよいよ日本もミサイル買わなきゃ」という思考になりつつあります。

自分の国どころか、ロシアが戦争を仕掛けたことで、日本国内のほぼすべての物が値上がりし、生活基盤が揺らいできているのに、自分の足元を見ず「放蕩息子」のようなことをいいだす人が多くなっているのです。

僕は叫びたい、「どうしたんだ、Hey Hey Baby!」と[*1]。

＊1　忌野清志郎「雨あがりの夜空に」

霊感商法も○○○○詐欺もごめんだ！

危機感で煽り、洗脳しようとしているやり方は、まるで霊感商法や○○○○詐欺のように僕には見えてしまいます。

軍備増強でどんどん暮らしが苦しくなっていくことが目に見えていながら、すべて財産を取られてしまっても、「欲しがりません、破産するまでは」と我慢を強いているようなものです。

そして残念ですが、完全にメディアなどに支配されてしまい、ミサイルや隣の国が攻めてくる、という危機感を煽られて、世論はすっかり「やられる前の備えが重要だ！」という風潮になりつつあります。

Ｊアラートをビービー鳴らして危機感をあおるやり方は、姑息で幼稚な手段そのものではないでしょうか。

そのうち「ジャパネットタカタ」でシェルターの販売を始めても、そのころは国民みんな貧乏で、シェルターどころかヘルメットすら買えません……。

もし、日本の軍事費を２倍にしたとしたら、はたして国民は今より幸福になるのでしょうか？

幸福になる実感など持てないのが、「安全保障」という名のまやかしなのです。

なんとなく「日本はいい国だ」と思っている

国内外さまざまな機関のアンケート調査などを見ても、日本人の圧倒的多数の人は「日本はいい国だ」と答えています。

その理由のトップが「治安がいい、安心して街を歩ける」というもので、たしかにこれには同感します。

銃で殺害される様な事件は日本では衝撃的ですが、アメリカでは銃による事件は、日常茶飯事です。

日本は、敗戦後「二度と武器は持たない」「紛争を武力で解決しない」ということが貫かれ、社会に根づいていると思います。
だから、たしかに「日本はいい国だ」ともいえます。
しかし、それを放棄してしまって、私たちは幸福になれるのでしょうか？
僕は再び叫びたい、「そんなの不幸になるだけだろう？」と。

世界によい影響を与えている国は日本だ!?

英BBC放送が世界22か国で実施した調査[*2]によると、世界各国のなかで、日本が「世界によい影響を与えている」という評価が最も多く、第1位になりました（ただし2012年の調査ですから、はたしていまはどうでしょうか？）。

また、SDGsの各項目に関しても17の目標のうち17番の平和については常に達成度が高評価です。
これらは間違いなく平和憲法を持つ日本への国際社会からの期待と評価と考えられます。
そしてその象徴が、世界最強を誇る日本のパスポートです。
193か国もの国へビザ不要で入国ができる国、日本！
「こっちの方がよかった！」と過去形にしたくありません。
もし日本が先制攻撃のできる軍隊を持つ国になってしまったら、世界の国々は今まで通りビザなし入国の門戸を開いてくれるでしょうか？
若い世代には海外留学やワーキングホリデーなどの海外生活の機会を与え、もっと世界を見てもらいたい、しかし、その機会が狭まれていくことも懸念されます。

＊2　BBC World 2012年5月10日記事より

積極的永世非武装中立宣言

世界一幸福な国として名高い中南米の国コスタリカは、70年以上も前に日本の平和憲法をみて「兵士の数より教員を！」というスローガンで軍隊を廃止し、教育や自然エネルギー等への開発に舵を切りました。

その結果、幸福あふれる国を実現させているのです。

これは、敗戦国家といわれた戦後の日本が、他国に良い影響を与えた象徴だといえると思います。日本の「大てがら！」です。

とくに、1987年にノーベル平和賞を受賞した当時のサンチェス大統領は、「積極的永世非武装中立宣言」を発表した前大統領の後を受け、自国の周りが「南米の火薬庫」といわれるほど紛争の絶えない国に囲まれ、上空をミサイルが飛び交う様な状況でも、平和外交を重視し中米の和平合意を主導しました。

それが幸福度世界一を誇る国の代表者がやることなのです。

まさにこれが、やってみたら、「こっちの方がいい！」の究極ではないでしょうか！

幸福にあふれた国づくりを実践！
世界で最も幸福な国として首位に立つ生物多様性豊かで環境を重視し、
再生エネルギーで電力を賄う先進国
平和憲法を作り軍隊を廃止　兵士の数より教員を！

安全保障≒幸福のリアリティ

軍事拡大、自衛隊員増で私たちはどんな幸福を得られるのでしょうか？

どう考えてみても、まったく幸せになるとは思えません！

コスタリカが進めてきた国づくり、非武装中立・環境保全・教育重視などは、日本の平和憲法がそれらの源流であることに間違いないのです。

それなのに、そのもとであるはずの日本はどうでしょうか？　これではまったく逆戻りしている！　そんなのは嫌だ！　私たちは幸福になりたいんだ！　そう叫ぼう！」と僕は声を大にしていいたい。

そして、今度は平和憲法の「元祖・老舗」である日本が、コスタリカに学び「積極的永世非武装中立国」を強く宣言すれば、友好国は増える一方、だれも日本を攻めようなんて考えません（今もそんな国はないけれど)。「安全保障」という言葉を使うならば、こっちの方がよっぽどリアリティがあると確信しています。

希望の種に溢れている

2017年7月7日、国連総会で「核兵器禁止条約」が112か国の承認を受けて可決しました。

僕はこの吉報を、航海中の太平洋上で聞き、その時「大国の時代は終わる！」という実感を得ました（日本は恥ずかしいことに、いまだに承認せず激しい非難を浴びていますが……)。

これは、被ばく者とともに世界に訴え続けた「核兵器廃絶平和」を願う長きにわたる運動の成果であり、素晴らしい演説を行ったサーロー・節子さんをはじめとした、日本人の存在が中心にあったことに間違いないと思います。

ノーベル平和賞を受賞したICAN（核兵器廃絶国際キャンペーン）代表者のスピーチは素晴らしいものでした。

それに比べ、アメリカの核の傘の下でコソコソしている日本政府の姿は、なんともお恥ずかしい……。

これは、世界中の人も感じていたことと思います。

気候正義に立ち上がる若者たちとともに活動をしていて、ときには励まされ勇気をもらいます。しかし、「こんなに訴えても変わらない……」という苛立ちや落ち込んでいる姿を見ることも少なくありません。

そんなときは、「時間はかかるかもしれないけれど、世界は着実に国際規範を築き、前に進んでいる」「みんなの行動が社会の空気感を変えていくんだよ」と声をかけるようにしています。
そしてそれは、けっしてうわべだけの励ましではないのです。

日本が世界の平和のリーダーとなる日はけっして遠くない
日本は希望の種を持っている（提供：原水爆禁止日本協議会）

僕のような無名の活動家を呼んで話を聞いてくれる各地の講演会主催の人たち、80歳や90歳になっても学ぶことや声をあげ続けることをやめない先輩の方々が日本中にたくさんいます。
もちろん一緒に勉強を続けている子どもたちも！

そう考えると、沢山の人たちに支えられ、信頼され、育てられ、そして力をもらっていることが実感できます。
恐怖や危機感に煽られるより、希望と幸福にあふれた国を目指したい！　そうです！　どんな絶望的な状況であってもあきらめなければ、そこには希望があるのです。

「世界は希望の種にあふれている」。僕はそう信じています。

日本各地で「九条の碑を作り平和憲法を堅持しよう」という運動が起きています。

僕は、40年前に起業し、今日まで多くの人たちと仕事をし、平和と環境運動をともにしてきた地、湘南にこの碑を建てる運動を始めました！

2022年 11月に記念すべき「憲法九条の記念碑を湘南に建立する」
第 1 回実行委員会が行われ、参加者の年齢はなんと、0 ～ 84 歳！

海が
助けてくれる

マーシャル諸島まで 約4500km のヨットでの旅。

東に向かうヨットは、夜にはひたすら琴座のベガ（織姫星）を目指し、夜明けにはマストの右側に昇る太陽を目指して進めば、目的地に着く……そう信じて、24日間、舵を握り続けました。

地球に存在するすべての自然は私たちを導いてくれます。

もちろん、ときには厳しい顔を見せることもありますが、畏敬の念を抱き、学ぶことを忘れずに、そしてけっして壊すことをしなければ、私たち人間に永遠に幸福をもたらしてくれることでしょう

太平洋北緯 20度 (2017年)

そんな素晴らしい星である地球を子どもたちに残しておいてやれるだろうか？

「気候危機」と「平和の危機」は大きな壁となって、子や孫そしてその先の世代にとって、未来を描きにくいものにしています。

このままでは自分は死んでも死にきれない！　そんな思いが募る。

僕自身も海に助けてもらい、自分だけでなく、ほかにも海で命が蘇った人の話をずいぶん聞きました。

「海が助けてくれる」。僕はずっとそう信じています。

⑬
希望への旅
～ Just Like Starting Over ～

「海は楽しいものである」

いつからそう思うようになったのだろう？　そう考えてみると、いつもあの時のシーンが蘇ってくるのです。

それは北海道の短い夏のある日曜日のこと。家族で出かけた思い出といえば、海水浴に行った記憶以外ほとんどないのですが、そのときの記憶は実際に海で遊んだ思い出よりも、朝出かける前の両親が張り切って準備をしている姿なのです。

おそらく弁当をつくっていたのか？　はたまた水着の準備をしていたのか？

とにかく二人は生き生きとして準備をしていました。

それがいくつのときのことなのかは定かではありません。

しかし完全にその時「刷り込まれたのです」。「海は楽しいものなのだ」と。

病弱だった子ども時代

北海道小樽市の海上保安本部（第一管区）に勤めていた父と母は、職場で知り合い結ばれて私が生まれました。

父は弟（私の叔父）にも保安官になることをすすめ、実際に叔父もそうなりました。

当時は官舎（公務員住宅）住まい。最初は大きな寮のような建物で、玄関もトイレも台所さえも共用だったうえ、住人はみんな同じ職場なので機関長、ボースン（甲板長）、チョッサー（航海士）と呼び合っていましたので、そこはさながら船上のようで、毎日が集団生活のような楽しいものでした。

そんな生活のなかで、僕は６～７歳のころに突然両足がマヒし、歩けなくなってしまう「小児リュウマチ」の病魔に襲われました。その「持病」により、小学校時代は長期の入院なども経験し、おまけにリュウマチからくる「心臓弁膜症になる可能性もある」などと診断された病弱な子どもでもあったのです。

そこで父は、それを海に通うことで治そうと試みたようなのです。

たしかに、長い北海道の冬の間は手足の痛みや関節の腫れなどがあり苦しみましたが、海に行ける夏の間は、そんなことを忘れさせるほど調子がよかったという気がします。

ところが、そろそろ小学校高学年になったころ、今度は重い「蓄膿症」になってしまいました。

医師の診断は、「このままでは学業成績にも影響が出る」「ぼ～っとした子どもになる」（要するにアホになる⁉）「手術しないと悪化しますよ」などと説明され、両親は相当悩んだようです。

しかし、通院治療でひたすら鼻の奥に管を入れて塩水で洗浄させられている姿を見て父はある決意をしたのです。

それは、ほぼ毎日海に連れて行って泳がせる、素潜りをさせるというものでした。

夏休み期間中の毎日、午後になると父は私を海に連れて行ってくれました。

そして、夕方日が暮れるころ、職場に戻るような日課だったように思うのですが、いまでも不思議に思うのは、あのとき父は仕事をさぼっていたのか？　ということです。

いずれにしろ僕は回復しました。

よく考えると、鼻の奥深くに挿管し塩水で洗浄するぐらいなら、海で泳いだり潜ったりした方がたしかにいいようにも思います。

これはこれで医学的根拠がゼロではないような気もしています。

そして、普段から奇抜なことを考えては人を驚かせたり、喜ばせたりしていた父親らしい妙案だったようにも思うのです。

中学に上がり自転車を買ってもらってからは、子どもたちだけで夏は毎日のように海に行きました。

海は身体を健康にし、多少の病をも回復させるような不思議な力があります。

それが思い込み？　なのか、事実なのか？　は、わからないのですが、たしかに僕は病気を再発することなく今日まで元気に生きてきました。

そこでまた僕は「刷り込まれた」のです。「海が助けてくれる」と。

Just Like Starting Over!（やり直そう！）

大人になってからの海にまつわる話のなかで、ある人にまつわるとっておきの話があります。

1980年６月、米ロードアイランド州ニューポートのヨットハーバーで、チャータービジネスをしていたハンク船長の船、全長13mのヨット「メーガンジェイイ号」。そこに訪れた、とてもヨット好きには見えない青白い顔をした一人の長身の男、彼はそのうえ活力がなく、疲れきったような様子。

しかし、イギリスの港町リバプールで育ったという彼は長年の夢だったバミューダへの航海を実現するために船と船長をチャーターしたのでした。

ところが、バミューダ諸島を前に船は嵐に巻き込まれ、大西洋の嵐は３日目に入っていました。

波は頭の上から打ち付け、デッキは水浸、メーガンジェイ号は悪戦苦闘し、必死に操船していた船長は力尽きていました。

二日二晩一人で舵を取っていたため、体力の限界だったのです。

ところがその男は平気な顔で乗っています。

船長は、彼に声をかけました。

「助けが必要だ、ちょっと交代してくれないか」

「できるわけないだろう、僕はギターしか持ったことがない」

船長は強引に彼を座らせ、基本的な操船を教えました。

意外にも彼は呑み込みが早かったので、船長は船室に降り、ベットに倒れ込みました。

途中で目を覚ますと、彼が歌っているのが聞こえたといいます。

それはイギリスの古い舟歌のようでした。

結構楽しそうな様子だったので「コツをつかんだな、もう大丈夫だ」と船長は思ったそうです。

そして、嵐を乗り切り、港に帰った時、その男は変身したように見えました。

「乗船して来たときは生きる目的がないような感じで、動きに力がなかった、だが下船したときは実に生き生きとしていた」と船長は語っています。

その男の名前は ジョン・レノン。
ビートルズの解散から10年、目標を失い、沈黙を続けていたジョン。
嵐を自力でくぐり抜けた経験がジョンにビートルズを乗り越えさせ、新しい世界に踏み出させたのです[*1]。

この航海の後、ジョンが書いた曲が「Just Like Starting Over!」です。
彼もまた「海が自分をよみがえらせてくれた！」とのちに語っています。
そして没後40年が経ち、気候と平和の危機、そして長引くコロナ禍にあって彼のメッセージが心に響きます。

けっして後戻りを望んではいけない。
「いちからやりなおそう！」
Just Like Starting Over! と。

＊1　『100人の20世紀』朝日新聞出版社

南アフリカ・ケープタウン沖

海から山がみえ、
山から海がみえる

ずっと海にいて、そしてずっと陸(おか)を見て来ました。

山も好きで、子どもたちを連れてよく登山にも行きました。

ある日、山小屋の寝床で海の音が聞こえた……。

いや、聞こえた気がしたのか？　夢だったのか、今では定かではないですが、 山でもやっぱり海のことが気になっていたのです。

西表島（2009年）

山の荒廃も枯れ果てた海も、それらはどちら側からでも見ることができるのです。

あとがき

尊敬する海洋学者レイチェル・カーソンが「見えないものを見る力（感性）」がどれだけ大切かというメッセージを僕に与えてくれました。

それは、「五感を全開にして、自然を感じとりなさい」ということです。

しかし僕の解釈は「自然だけに限らず、社会とも乖離せず、戦争、貧困、差別、環境破壊、気候崩壊などで犠牲になる子どもたちへの思いを巡らせることができる力」という意味でもあると信じています。

生業としてきた海の仕事は、水中という常に死と隣り合わせの世界でもありました。

たとえ一瞬でも「気の緩み」が許されないという世界で生きてきたことで、五感が人以上に研ぎ澄まされてきたように思います。

そのことで、壊れゆく自然に限らず、それに加担する人間の悪戯、愚行、不正などを敏感に感じ取ることができるようになったのかもしれません。

僕のこれまでの経験はあまりにも特殊すぎて、だれにでも経験できるわけではないと思います。

しかし、志を同じとする人たちには、とりわけ「自分の目で目撃する」ことの大切さを伝えていきたいと思うのです。

振り返ってみると、本業としてきたダイビング専門会社の経営から身を引き、一人の環境活動家として新たな人生を選択した自分の経緯は、あたかも新しい価値観を持った“生き方”のようですが、実はそんなかっこいいものではまったくありません。

たかだか中小企業の経営者が30数年で身を引いたところで、たいした財産を築き上げたわけでもなく、いきなり収入を失ってしまうということはあまり賢い選択とはいえないでしょうし、とても人にすすめられるものではありません。

創業社長ですから、死ぬまで現役でいて収入を確保していた方がよほど安泰ともいえると思います。

しかし、あの運命ともいえる1998年にサンゴが白くなった姿を「見てしまった」こと、さらにそれからずっと海が壊れていく姿を見続けてきたことが決定的だと思います。

そして、長年海という現場で生きてきて、海で見えたことは、海だけにあらず、陸が見え、山や森が見え、そしてヒトの生活が見えてきたということです。

つまり、海から見えたことに「いても立ってもいられなくなってしまった！」という方が当時の僕の本音を表すにはふさわしいのかもしれません。

粉骨砕身の30数年間、心残りがあるとすれば、創業当時からの会社への思い、育て育ちあってきたスタッフとの絆……。

しかし、後輩たちはいまでもちゃんと継承して会社の運営を続けています。

そして、このことはもちろん「海の中を見たことがない人」を一人でも少なくしていくということにもつながっていきます。

「気候危機と平和の危機」
これらを目の前にして、ときには絶望的になることもあります。

沖縄辺野古での愚行は、山を削って海を埋めるという狂気そのものです。
採掘の山はどんどん形がなくなり、森も緑もなくなるので、そこの海も死に向かいます。

ミクロネシアの島々で見てきたことは、国防という言葉に踊らされ、結局は米軍の槍の先端にされ、よその国で死んでいく若者たちの姿でした。
そのようにだれかを、なにかを犠牲にして成り立つ社会は終わらせなければなりません。
しかし状況は、ますます絶望的にさえ思えるのです。

それでも、「絶望のなかにこそ希望が見える」
そう信じたいと思うのです。
人間は大きな過ちを犯すものですが、その過ちに気づき修正することができるのもまた人間です。
そのためにも声をあげ続けることを止めてはいけません！
世代を超えた連帯や科学を味方にし、声をあげ続けること。
そこに希望を見たいと思います。

ここまで読んでいただき、感謝申しあげます。

2022年 12月 14日
辺野古に土砂が投入されて４年目の日に　武本 匡弘

参考書籍

＜気候危機＞

・『漁業科学とレジームシフト　川崎健の研究史』川崎健／片山知史／大海原宏／二平章／渡邊良朗、東北大学出版会、2017年

・『次なるパンデミックを回避せよ　環境破壊と新興感染症』井田徹治、岩波書店、2021年

・『生物多様性とは何か』井田徹治、岩波新書、2010年

・『地球が燃えている　気候崩壊から人類を救うグリーン・ニューディールの提言』ナオミ・クライン、大月書店、2020年

・『13 歳からの環境問題　気候正義の声を上げ始めた若者たち』志葉玲、かもがわ出版、2020年

・『プラスチックスープの海　北太平洋巨大ごみベルトは警告する』チャールズ・モア／カッサンドラ・フィリップス／海輪由香子、NHK出版、2012年

・特集「気候変動」(『現代思想』vol.48-5)、2020年

・「いまなら間に合う！気候危機　残る10年で何をするのか」池内了／斎藤幸平／田家康／藤原辰史／宮本憲一／山内明美（『社会運動』No.439）2020年

・『地球に住めなくなる日「気候崩壊」の避けられない真実』デイビッド・ウォレス・ウェルズ／藤井留美、NHK 出版、2020年

・『脱プラスチックへの挑戦持続可能な地球と世界ビジネスの潮流SDGs 時代の環境問題最前線』堅達京子／BS1スペシャル取材班、NHK エンタープライズ、2020年

・『プラスチックの海　おびやかされる海の生きものたち』中西弘樹／小城春雄／亀崎直樹／清田雅史／久保田正／小嶋あずさ／角田尚子／上村彰／大和田一美／辻敦夫／海渡雄一、海洋工学研究所出版部、

1995年
・『サンゴ礁学　未知なる世界への招待』日本サンゴ礁学会編、鈴木款／大葉英雄／土屋誠責任編集、東海大学出版会、2011年
・『森里海連環学　森から海までの総合的管理を目指して』、京都大学フィールド科学教育研究センター編 / 山下洋監修、京都大学学術出版会、2011年
・『グレタ　たったひとりのストライキ』マレーナ＆ベアタ・エルンマン／グレタ＆スヴァンテ・トゥーンベリ（羽根由／寺尾まち子訳)、海と月社、2019年
・『気候変動から世界をまもる30の方法　わたしたちのクライメート・ジャスティス！』国連環境 NGO FoE Japan、合同出版、2021年
・『サンゴの白化　失われるサンゴ礁の海とそのメカニズム』中村崇／山城秀之共編著、成山堂書店、2020年
・『海洋学』ポール･R. ピネ（東京大学海洋研究所監訳)、東海大学出版会、2010年
・『沈黙の春』レイチェル・カーソン（青樹簗一訳)、新潮社、2001年
・『海のモンゴロイド　ポリネシア人の祖先をもとめて』片山一道、吉川弘文館、2002年
・『サンゴ礁と人間　ポリネシアのフィールドノート』近森正、慶應義塾大学出版会、2012年
・『海を渡ったモンゴロイド　太平洋と日本への道』後藤明、講談社、2003年
・『モースその日その日　ある御雇教師と近代日本』磯野直秀、有隣堂、1987年
・『レイチェル・カーソン』ポール・ブルックス（上遠恵子訳)、新潮社、2007年
・『グリーン・ニューディール　世界を動かすガバニング・アジェンダ』明日香壽川、岩波書店、2021年

＜平和の危機＞

・『環境と平和　憲法９条を護り、地球温暖化を防止するために』和田武、あけび書房、2009年
・『砂戦争　知られざる資源争奪戦』石弘之、角川新書、2020年
・『ドキュメント戦争広告代理店　情報操作とボスニア紛争』高木徹、講談社、2005年
・『母は枯葉剤を浴びた　ダイオキシンの傷あと』中村梧朗、岩波文庫、2005年
・『日本軍と戦争マラリア』宮良作、新日本出版、2004年
・『沖縄「戦争マラリア」　強制疎開死3600人の真相に迫る』大矢英代、あけび書房、2020年
・『自衛官と家族の心をまもる　海外派遣によるトラウマ』海外派遣自衛官と家族の健康を考える会編、あけび書房、2021年
・『息子の生きた証しを求めて」護衛艦「たちかぜ」裁判の記録』「たちかぜ」裁判を支える会、社会評論社、2015年
・『毒物ダイオキシン』河村宏／綿貫礼子編、技術と人間、1986年
・『日米同盟最後のリスク　なぜ米軍のミサイルが日本に配備されるのか』布施祐仁、創元社、2022年
・『経済的徴兵制』布施祐仁、集英社、2015年
・『自衛隊海外派遣　隠された「戦地」の現実』布施祐仁、集英社、2022年
・『９条とウクライナ問題　試練に立つ護憲派の混迷を乗り超えて』深草徹、あけび書房、2022年
・『ウクライナ危機から問う日本と世界の平和　戦場ジャーナリストの提言』志葉玲、あけび書房、2022年
・『非戦の誓い　「憲法９条の碑」を歩く』伊藤千尋、あけび書房、2022年

・『戦争と農業』藤原辰史、インターナショナル新書、2017年
・『ふるさとはポイズンの島　ビキニ被ばくとロンゲラップの人びと』島田興生／渡辺幸重、旬報社、2012年
・『子どもにつたえる日本国憲法』井上ひさし、講談社、2006年
・『鳥と砂漠と湖と』テリー・テンペスト・ウィリアムス／石井倫代、宝島社、1995年
・『戦争をしなくてすむ世界をつくる30の方法』平和をつくる17人著、田中優／小林一朗／川崎哲編、合同出版、2003年
・『科学者と戦争』池内了、岩波書店、2016年
・『放射能難民から生活圏再生へ　マーシャルからフクシマへの伝言』中原聖乃、法律文化社、2012年
・『死の灰を背負って　私の人生を変えた第五福竜丸』大石又七、新潮社、1991年
・『原水禁署名運動の誕生　東京・杉並の住民パワーと水脈』丸浜江里子、凱風社、2011年
・『戦争はいかに地球を破壊するか　最新兵器と生命の惑星』ロザリー・バーテル（中川慶子／稲岡美奈子／振津かつみ訳）、緑風出版、2005年
・『マーシャル諸島　核の世紀 1914－2004』上・下、豊﨑博光、日本図書センター、2005年
・『資本主義の終わりか、人間の終焉か？　未来への大分岐』マルクス・ガブリエル／マイケル・ハート／ポール・メイソン／斎藤幸平、集英社新書、2019年
・『ベトナムと人類解放の思想』芝田進午、大月書店、1975年
・『見える光、見えない光』朝永信一郎、平凡社、2016年

著者略歴

武本匡弘（たけもとまさひろ）

プロダイバー、環境活動家。

1985年、ダイビング会社設立。プロダイバーとしてのキャリアは約40年、同時にこの間4団体の環境NPOにかかわり、ダイバーとして主に環太平洋の海洋環境の変化などを記録し続ける。

1994年～　鎌倉市立第一中学校にて、総合学習担当。(2011年まで)

2001年～　東海大学教養学部にて総合演習実習プログラム担当。(2014年まで)

2002年～　和光高校にて海洋研究授業担当。(2014年まで)

2009年～　上関原発建設予定地海域にて潜水調査、撮影を開始、2011年3月11日、3年におよぶ潜水最終日の午後、東日本大震災を知る。

2014年　ダイビング会社の経営から引退。

2015年から気候変動・海洋漂流ごみの探査などを目的に「太平洋航海プロジェクト」を開始、毎年自ら操船するヨットでミクロネシア海域を航海している。航海日数は、延べ270日、航海距離は1万7500マイル(3万2000km)。

2018年から「気候変動」「海洋プラスチック」問題などをテーマに各地で講演活動を行う。

2019年4月、藤沢市に「プラスチックフリー・ゼロウエイスト」をコンセプトとした「エコストアパパラギ」を開業、現在は（一社）プラスチックフリー普及協会のワーカーズとして運営。

2020年8月、NPO法人気候危機対策ネットワーク設立、代表理事。

著書に『海の中から地球が見える　海・人・そして自然のこと』(NPOパパラギ海と自然の教室　自主出版、2002年)、『海の中から地球を考える　プロダイバーが伝える気候危機』(汐文社、2021年)。

日本サンゴ礁学会会員
(公財) 第５福竜丸平和協会協力会員
(一社) 協同総合研究所会員
NPO　ダイオキシン・環境ホルモン対策国民会議会員
日本自然保護協会自然観察指導員
グリーンピースジャパン　アンバサダー
Refill Japan アンバサダー

＜設立したNPO受賞歴＞
2001年　朝日新聞社主催 第３回『朝日 海とのふれあい賞』"海大好き部門"受賞。
2002年　マリンジャーナリスト会議主催 第１回『MJCマリン賞2001"エコロジー部門賞"受賞』
2003年　コカコーラ環境教育財団主催「環境教育賞」受賞。

＜連絡先＞　kikoukiki@eco-papa.com
NPO気候危機対策ネットワーク事務局

武本FB　武本インスタ　エコストアパパラギHP　気候危機対策ネットワークHP

海の中から地球が見える　気候危機と平和の危機

2023年2月11日　第1刷発行 ©

著　者―武本匡弘

発行者― 岡林信一

発行所― あけび書房株式会社
〒167-0054 東京都杉並区松庵 3-39-13-103
☎ 03. 5888. 4142　FAX 03. 5888. 4448
info@akebishobo.com　https://akebishobo.com

編集　武本洋子
本文イラスト　小嶋真似
編集助手　吉田章子　益永由紀　池田知興子

印刷・製本／モリモト印刷

ISBN978-4-87154-227-2　c1036